태 양 계 가 2 0 0 쪽 의 책 이 라 면

김항배

서울대학교 물리학과를 졸업하고 같은 대학원에서 입자물리학 이론으로 박사학위를 받았다.
로잔 공과대학교 등에서 박사 후 연구원을 지냈으며 현재 한양대학교 물리학과 교수로 있다. 입자물리학 현상론,
우주론, 암흑 물질, 초 고에너지 우주선 등의 주제로 다수의 논문을 발표했으며 입자천체물리학과 우주론에 대한
연구를 하고 있다. 월간 〈과학과 기술〉에 칼럼을 연재했고, 과학자 재능기부 강연 행사인 '10월의 하늘'과
네이버 '열린연단'에서 강연하는 등 대중과의 소통에도 힘쓰고 있다. 저서로『우주, 시공간과 물질』이 있다.

태 양 계 가
2 0 0 쪽 의
책 이 라 면

1판 1쇄 펴냄 2020년 5월 28일 **1판 3쇄 펴냄** 2021년 10월 7일

지은이 김항배 **펴낸이** 이희주 **편집** 이희주 **교정** 김한욱 **디자인** 전수련
펴낸곳 도서출판 세로 **출판등록** 제2019-000108호(2019. 8. 28.) **주소** 서울시 송파구 백제고분로 7길 7-9, 1204호
전화 02-6339-5260 **팩스** 0504-133-6503 **전자우편** serobooks95@gmail.com

ⓒ 김항배, 2020
ISBN 979-11-970200-0-1 02440

태 양 계 가
2 0 0 쪽 의
책 이 라 면

김항배 지음

세로

어린 시절, 과학을 좋아했던 필자는 혼자 과학관에 가서 전시물을 구경하곤 했습니다. 전시물 중에는 태양계 모형도 있었습니다. 수십억의 사람들이 살고 있는 커다란 지구도 태양계에서는 태양을 공전하는 작은 행성 하나에 불과하다는 사실을 이미 알고 있었지만, 모형은 그것을 마음으로 느끼게 해 주었습니다. 원자 모형도 태양계 모형만큼이나 많은 분들에게 익숙한 모형일 것입니다. 원자를 직접 볼 수는 없지만 원자 모형을 통해서 우리는 원자의 모습을 상상할 수 있습니다. 그것은 원자로 이루어진 세상을 이해하는 데 도움이 되지요.

과학자들은 대상을 이해하기 위해서 자주 모형을 씁니다. 모형은 대상을 완벽하게 재현하기보다 연구 목적에 따라 중요하다고 생각되는 특징들에 집중합니다. 하지만 일단 모형이 확립되고 전파되다 보면 그러한 사실은 잊힌 채, 모형을 대상의 충실한 재현으로 받아들이게 되는 경향이 있습니다. 사람은 시각이 특히 발달한 동물이라 시각적 모형을 통해서 형성된 대상에 대한 인상은 쉬이 사라지지 않습니다.

대학에서 우주와 천체에 대한 교양과목을 열면서 태양계 모형에 대해 다시 생각해 볼 기회가 있었습니다. 태양계 모형이 전시되어 있는 과학관들은 많고, 인터넷에도 태양계 모형을 이미지와 영상으로 보여 주는 곳들이 많이 있습니다. 그중에는 행성들의 크기 비례나 궤도반지름의 비를 실제와 같게 신경써서 나타낸 곳도 많습니다. 하지만 그 둘을 모두 고려한 태양계 모형은 매우 드뭅니다. 크기와 거리를 모두 고려한 모형인 경우에도 행성 크기와 궤도반지름 사이의 비는 실제와 매우 달라서 하나같이 행성들의 크기가 엄청나게 과장되어 있습니다. 제한된 공간에서, 태양계 전체가 한눈에 보이는 동시에 태양과 모든 행성들의 크기를 관람에 적합하게 유지하려니 어쩔 수 없는 선택이었을 겁니다.

　　그렇지만 속사정을 모르는 사람들에게 이러한 태양계 모형은 '태양과 행성들이 옹기종기 모여 있는 태양계'라는 잘못된 인상을 심어 줍니다. 그런 오해는 다른 행성까지 우주선을 쏘아 올리는 등의 일을 사실에 가깝게 상상하거나 우주에서 일어나는 현상을 올바로 이해하는 데 걸림돌이 됩니다. 태양계는 우리가 모형에서 보는 것보다 훨씬 더 공허합니다. 그 공허함을 머리가 아니라 눈과 마음으로 느껴 보는 것이 우주 시대를 살아가는 우리에게 필요하다는 생각이 들었습니다.

사람에 비해서 태양계는 어마어마하게 큽니다. 태양과 행성들의 크기와 거리가 적힌 숫자를 아무리 들여다봐도 느낌이 오지 않습니다. 머릿속에 그려볼 수 있는 크기로 축소해 보면 느낌이 좀 올까요? 태양계를 100억 분의 1로 축소하면 우리가 상상하기에 적당한 크기가 됩니다. 이때 태양의 지름은 약 14cm로 큰 자몽 정도입니다. 지구는 1.3mm의 좁쌀 크기이고 태양으로부터 15m 떨어져 있습니다. 달은 0.35mm의 먼지 알갱이로 지구로부터 3.8cm 떨어져 있습니다. 가장 큰 행성인 목성은 지름 1.4cm로 콩 크기이고 태양으로부터 78m 거리에 있습니다. 가장 먼 행성인 해왕성은 지름 4.8mm로 쌀알 크기이고 태양으로부터 450m 떨어져 있습니다. 이렇게 축소된 태양계 모형은 지름 1km 이상의 커다란 공간에 자몽만 한 태양을 중심으로 콩, 쌀, 좁쌀 크기의 행성들이 멀찍멀찍 떨어져서 돌고 있는 모습입니다. 태양의 크기를 자몽 크기로 줄였음에도, 크기와 거리 모두 실제 비율에 맞는 태양계 축소 모형을 만들려면 최소한 큰 공원이 필요합니다.

실제로 이와 비슷한 규모로 태양계 축소 모형을 만들어 놓은 공원이 전 세계에 여러 곳 있습니다. 그중 스웨덴의 태양계 축소 모형Sweden Solar System이 가장 큽니다. 스웨덴 모형은 축소 비율이 2,000만 분의 1로 태양은 스톡홀름 시에 위치한 지름 110m의 돔형 체육관입니다. 행성들은 크기 비율에 맞춰 제작한

조형물로 거리 비율에 맞게 스웨덴 각지에 흩어져 있습니다. 그런데 이런 모형을 직접 가서 보더라도 한눈에 들어오지 않을 뿐더러 누가 설명해 주지 않으면 이것이 태양계 모형이라는 것조차 알기 어렵습니다. 그래서 태양계의 축소 모형을 한 권의 책으로 만들어 보면 어떨까 생각해 보았습니다. 책으로 만들면 넓은 도시에서 바늘 찾기 하듯 행성을 찾아 헤매지 않아도 책장을 넘기는 것만으로 태양계 산책을 대신할 수 있습니다. 한 행성에서 다른 행성으로 가기 위해 넘겨야 하는 책장의 수를 통해 행성들 사이의 거리도 느낄 수 있습니다. 물론 이렇게만 하면 많은 쪽들은 아무것도 없는 빈 면으로 남게 됩니다. 그 빈 면들을 통해 우주의 공허함을 느껴 보는 것도 좋겠지만, 태양계 여행이 너무 심심하거나 외롭지 않도록 그곳에 간간이 태양계 가족들의 얘기를 담아 보기로 했습니다.(책에 너무 빈 곳이 많으면 독자들이 항의를 할지도 모르니까요.)

가장 먼 해왕성까지의 거리를 생각할 때 1,000억 분의 1로 축소하면 200쪽 가량의 책에 태양계를 담을 수 있습니다. 하지만 그러면 태양의 지름은 고작 1.4cm이고, 지구는 0.13mm의 머리카락 두께로 알아보기도 힘들게 됩니다. 과학관에서 태양계 모형을 왜 실제 비율대로 안 만드는지 이해가 됩니다. 어쩔 수 없이 타협을 해서 거리는 1,000억 분의 1로 축소를 하되, 행성들의 크기는 이 비율보다 100배를 확대해서 알아볼 수 있도록 놓아 봅니다. 태양은 1.4m로 어마어마하게 커졌지만 지구는 그래야 겨우 1.3cm가 됩니다. 책 한 쪽의 폭은 25cm로 정했습니다. 책을 펼쳤을 때 왼쪽 끝에서 오른쪽 끝까지의 길이는 50cm이고, 이것은 실제 태양계에서 거리 5,000만 km에 해당합니다. 책장을 한 장 넘길 때마다 이 거리만큼 가는 것입니다. 5,000만 km는 빛의 속력(30만 km/s)으로 날아가도 167초가 걸리고, 초속 20km로 날아가는 우주선을 타고 가도 한 달이 걸리는 거리입니다. 시속 300km로 달리는 KTX열차라면 19년 걸립니다. 그렇지만 우리의 마음은 빛보다 빠를 수 있습니다. 천천히 책장을 넘겨도 빛보다 빠르게 태양계 마을을 여행할 수 있습니다.

　　대학에서 상대성이론을 배울 때 참고도서로 마이스너, 쏜, 휠러가 공동으로 쓴 『중력Gravitation』이란 제목의 책이 있었습니다. 큰 판형에 1,300쪽에 달하는 어마어마한 책으로 무게감이 상당했습니다. 그래서 그 책은 중력이 무엇인지 가르쳐 주는 책이 아니라 중력을 느끼게 해 주는 책이라고들 했지요. 마찬가지로 이 책이야말로 태양계에 대해 알려 주는 책이기에 앞서 태양계를 느끼는 책이었으면 합니다.

2020년 초여름에

김항배

차례

1. 이 책에는 천체들 사이의 거리가 실제 거리의 1,000억 분의 1로 축소되어 있습니다. 반면, 태양과 행성의 크기는 실제 지름을 10억분의 1로 축소한 크기입니다. 따라서 태양과 행성들의 크기를 기준으로 책을 본다면, 거리는 책장 한 장을 넘길 때 100장을 넘긴다고 생각해야 합니다. 반대로 천체들 사이의 거리가 책과 같다고 보면, 책에 있는 태양과 행성들의 크기를 100분의 1로 생각하면 됩니다.

2. 거리를 나타낼 때는 거리의 단위를 정해야 합니다. 우리가 일상에서 쓰는 거리의 단위는 1m가 기준입니다. 1m는 원래 지구의 둘레를 4,000만 분의 1로 나눠서 사람 크기 정도가 되도록 정한 단위입니다. 태양계에서 거리를 나타낼 때 사람의 크기에 맞춘 단위를 쓰면 불편하겠지요. 그래서 태양과 지구 사이의 (평균)거리를 1천문단위 Astronomical Unit로 정한 거리 단위를 씁니다. 1천문단위는 줄여서 1AU라고 하는데, 1AU는 정확하게 1.495978707×10^8 km로 정의되어 있습니다. 책에는 100만 km 간격으로 눈금을 매기고, 태양으로부터의 거리를 AU 단위로 표시해 두었습니다. (단, 1번에서 밝힌 비율 차이 때문에 거리 표시의 출발점을 태양의 중심 대신 표면으로 잡았음을 밝혀둡니다.)

3. 이 책은 태양에서부터 시작해서, 태양에 가까운 순서로 차례차례 태양계 행성들을 여행하도록 구성되어 있습니다. 사실 태양과 행성 간의 거리는 일정하게 유지되지 않습니다. 행성의 궤도가 완벽한 원이 아니라 타원이기 때문에

행성은 태양에 가장 가까울 때인 근일점과 가장 멀 때인 원일점 사이를 오갑니다. 책에서는 평균 거리에 해당하는 위치에 행성을 배치하고, 근일점과 원일점 위치에는 각각 점선으로 행성을 표시했습니다. 다만, 금성과 지구는 그 차이가 크지 않아 따로 근일점과 원일점을 표시하지 않았습니다.

4. 행성이 궤도를 한 바퀴 도는 데 걸리는 시간인 주기는 태양으로부터 거리가 멀수록 길어집니다. 게다가 행성의 궤도면들이 서로 조금씩 기울어 있어서 행성들이 정확히 일직선으로 놓이는 일은 (거의) 일어날 수 없습니다. 여덟 개의 행성이 모두 비슷한 방향으로 늘어서는 일도 수천 년에 한 번 정도만 일어납니다. 그렇지만 책에서는 행성들이 일직선으로 늘어서 있다고 생각하고 위치를 표시했습니다.

5. 행성에 관한 정보에서 각 항목과 기호가 뜻하는 바는 다음과 같습니다.

거리: 태양으로부터 행성까지의 평균 거리, 또는 궤도 긴반지름.

공전주기: 행성이 태양 둘레를 한 바퀴 도는 데 걸리는 시간.

$R_{\oplus}$: 지구의 적도반지름.

$M_{\oplus}$: 지구의 질량.

자전축: 공전축(공전 면에 수직한 방향)과 자전축 사이의 각도.

자전주기: 행성이 스스로 한 번 회전하는 데 걸리는 시간.

표면온도: 행성 표면에서의 평균 온도(기온차가 큰 경우 '최저 온도~최고 온도').

위성: 2020년, 현재까지 발견된 위성의 수.

태양 ☉

출발지는 태양입니다. 우리는 지구에 살고 있으니 실제라면 지구에서 출발해야 하겠지만, 태양계 모형을 구현한 책인 만큼 태양을 출발지로 삼았습니다. 물론 태양 가까이만 가도 우리 몸은 핵과 전자들로 다 분해되어 버릴 겁니다. 하지만 이 산책은 마음으로 하는 것이니 태양의 중심에 있다 한들 우리는 안전합니다.

태양은 지름이 지구의 109배나 되고 표면온도가 5,800K(5,500℃)에 이릅니다. 그러다 보니 거대한 불덩어리로 상상하기 쉽지만, 사실 태양은 지구에서 가장 가까운 별입니다. 지구에서 보면 태양과 밤하늘에 빛나는 별은 너무 달라 보입니다. 하지만 그건 단지 별이 태양만큼 지구와 가까이 있지 않기 때문일 뿐입니다.

태양은 가장 강력한 수소폭탄 십억 개의 폭발과 맞먹는 $4{\times}10^{26}$J의 에너지를 매초마다 빛으로 내보냅니다. 태양이 방출하는 빛의 대부분은 우주 공간으로 흩어져 버리지요. 하지만 아주 일부는 지구를 비롯한

행성들에 흡수되고, 그 에너지는 지각과 대기를 데우는 데 쓰입니다. 일반적으로 태양까지의 거리가
가까울수록 태양 빛을 많이 흡수하는데, 태양과 두 배 더 가까운 행성은 태양 빛을 네 배 더 많이 받습니다.
태양 표면으로부터 100만 km 이내가 되면 모든 물체는 끓어서 기체로 흩어져 버리고 맙니다.

한편, 태양 대기의 상층부에서는 전하를 띤 입자들이 큰 에너지를 가지고 나와서 태양계 전체로 퍼져
나갑니다. 태양에서 불어오는 바람이라는 의미로 '태양풍'이라고 부르는데, 주로 전자·양성자·알파입자로
구성되어 있고 큰 에너지를 가지고 있습니다. 이름은 바람이지만 우리가 익히 알고 있는 말로 하자면
방사능입니다. 그래서 생명체들에게 치명적이고, 장기간의 태양계 여행을 하는 데에도 큰 걸림돌로
작용합니다.

그러니 책장을 넘겨 태양을 만나기 전에 심호흡을 하세요.

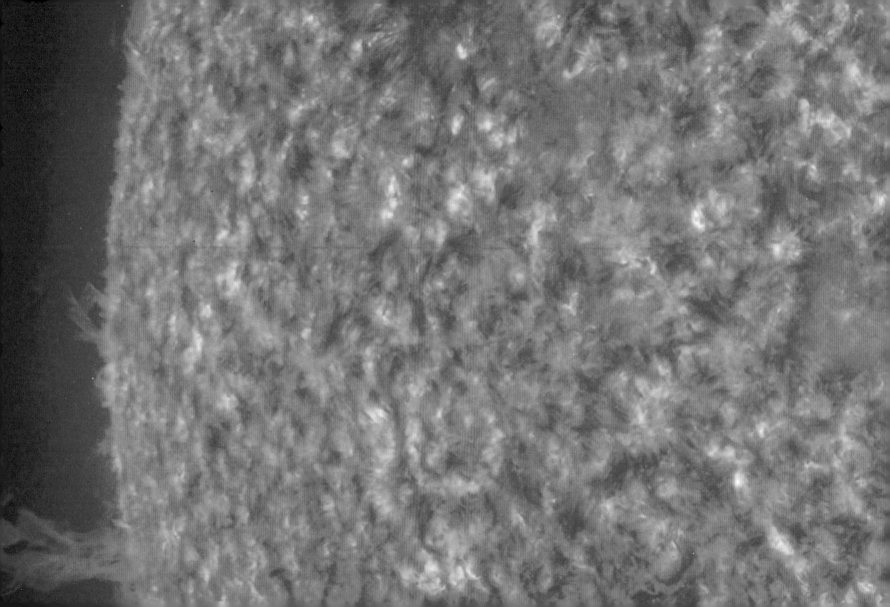

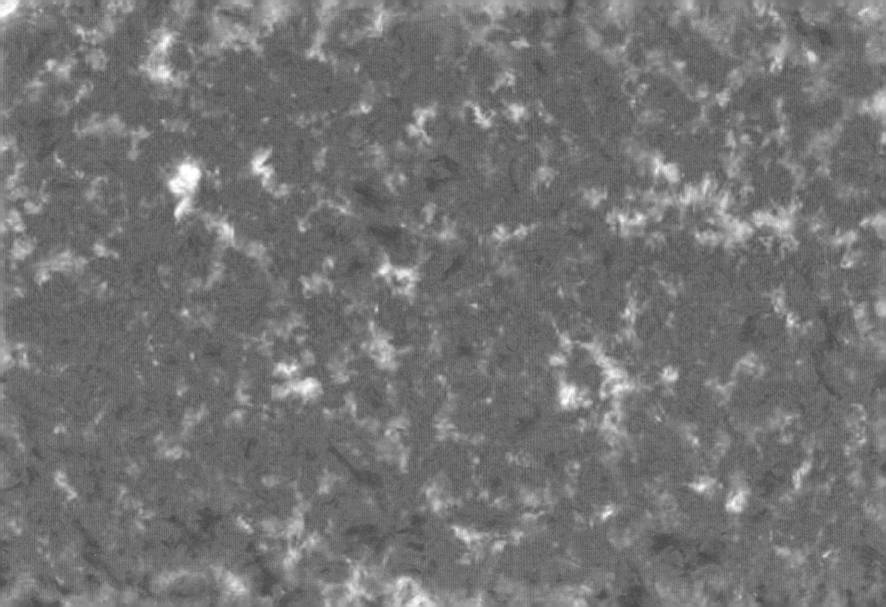

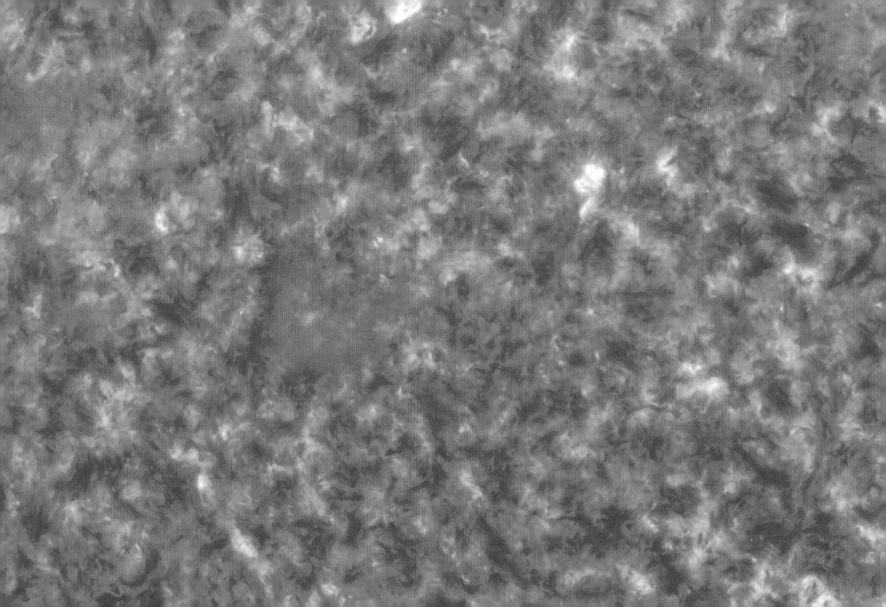

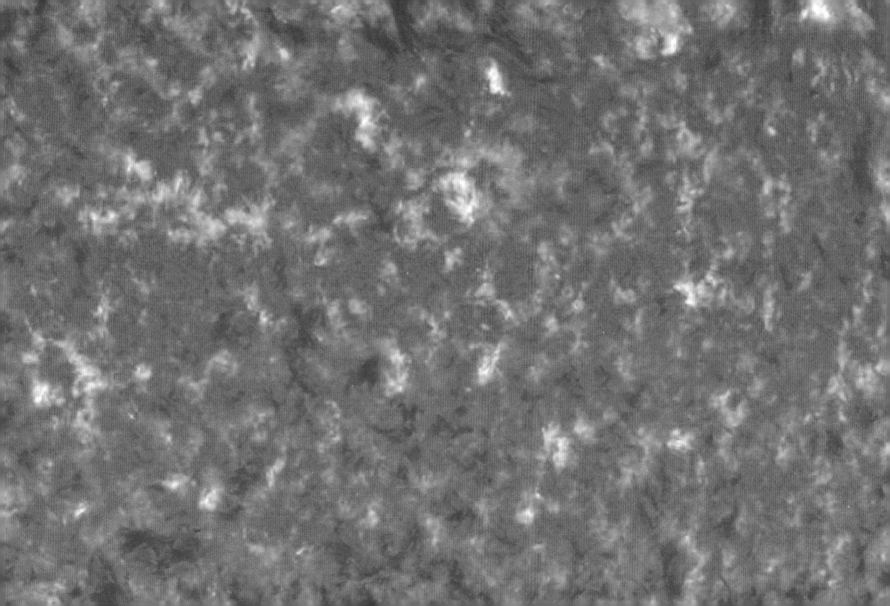

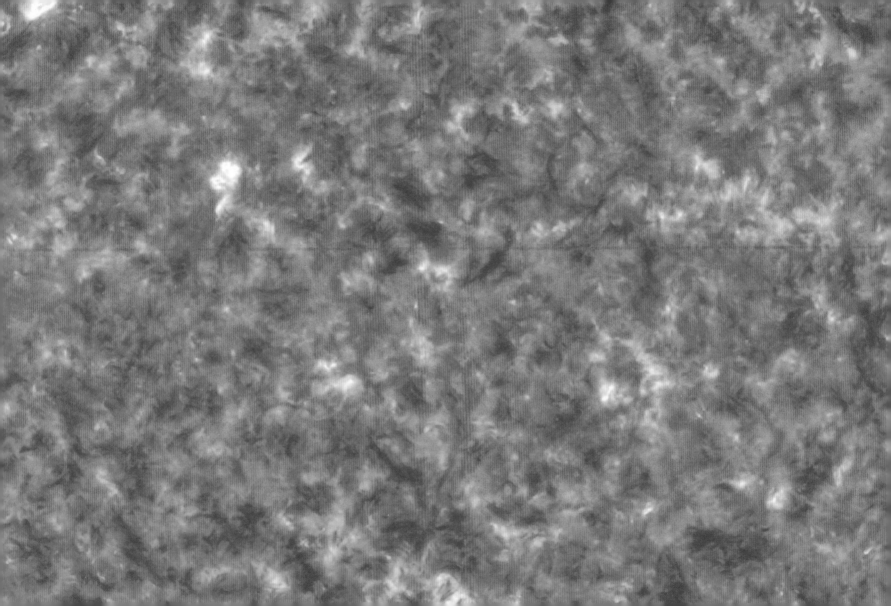

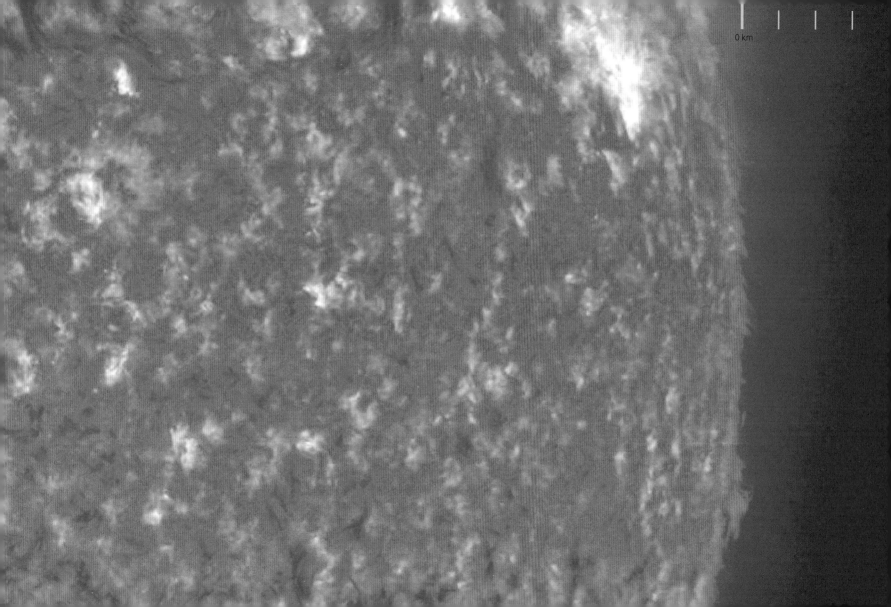
0 km

2,000만 km

4,000만 km

수성
근일점

6,000만 km

수성
원일점

수성
거리 0.387AU | 공전주기 88일
적도반지름 0.383$R_\oplus$ | 질량 0.055$M_\oplus$ | 자전축 0.03°
자전주기 58.6일 | 표면온도 −173~427℃ | 위성 없음

Mercury

수성 ☿

태양에서 가장 가깝고 태양계에서 가장 작은 행성, 수성입니다. 수성은 크기도 분화구로 뒤덮인 겉모습도
지구의 위성인 달과 매우 닮았습니다. 또한 달처럼 수성에도 대기가 거의 없습니다. 대기가 있었다 해도
태양과 가까워서 태양풍에 다 날아가 버렸을 겁니다. 태양과 가장 가깝다 보니 행성들 중에서 가장 빠르게
움직여서, 서양에서는 신들의 전령인 머큐리의 이름을 붙였습니다.

1억 2,000만 km

금성
거리 0.723AU | 공전주기 225일 | 적도반지름 0.950$R_\oplus$
질량 0.815$M_\oplus$ | 자전축 2.64˚(자전 방향이 반대) | 자전주기 243일
표면온도 464℃ | 위성 없음

지구
거리 1AU | 공전주기 1년 = 365.26일 | 적도반지름 $R_\oplus$ = 6378.1km
질량 $M_\oplus$ = 5.9724×10²⁴ kg | 자전축 23.4°
자전주기 1일 | 표면온도 14℃(−89.2~56.9℃) | 위성 1개

달
지구와의 거리 38만 4,400km | 공전주기 27.3일
적도반지름 0.273$R_\oplus$ | 질량 0.0123$M_\oplus$ | 자전주기 27.3일
표면온도 −230~123℃

금성♀

금성은 태양계 행성 중에서 크기와 구성 물질, 태양으로부터의 거리로 봤을 때 지구와 가장 비슷한 행성입니다. 하지만 환경은 지구와는 완전히 달라서, 지구가 천국이라면 금성은 지옥입니다.

금성은 두꺼운 황산 구름으로 덮여 있어 밖에서 보면 그 안이 보이지 않습니다. 1982년에 잠시 내려앉았던 베네라 착륙선이 찍어 보낸 사진을 보면, 금성 표면은 바위들이 군데군데 널려 있는 황량한 사막 같습니다. 레이더로 촬영한 표면 사진에는 지구와 흡사한 지형들이 보이며, 화산 활동도 이어지고 있는 것으로 추정됩니다.

대기의 주성분은 이산화탄소이고, 대기압은 지구 대기압의 92배에 달합니다. 이산화탄소로 된 대기와 두꺼운 황산 구름 때문에 온실효과가 폭주하여 금성의 표면온도는 수성보다도 높습니다. 구름이 황산이라 비도 황산비가 내립니다. 생명체는 도저히 살 수 없는 무시무시한 지옥의 모습입니다.

지구 ⊕   **Earth**

태양계 질량의 99.86%는 태양이 차지합니다. 질량만 놓고 본다면 태양과 그 밖의 부스러기라 할 만하지요. 그렇지만 그 0.14%에 소중한 것들이 많습니다. 그중에서도 지구는 현재까지 밝혀진 유일한 생명의 보금자리라는 점에서 더욱 특별합니다.

지구에 사는 생명체들은 지구를 독특한 푸른색 행성으로 보이게 만들었습니다. 푸른색 위로 간간이 구름이 덮인 지구의 모습은 투명한 대기 때문이고, 지구의 대기가 투명한 건 대기를 이루고 있는 산소와 질소가 가시광선 영역의 빛을 잘 흡수하지 않기 때문이지요. 지구 대기에 산소가 존재하는 까닭은 생명체의 작용에 의한 것입니다.

지구는 자신의 크기에 비해 엄청나게 큰 위성인 달을 가지고 있습니다. 지구에게 달은 우연히 생긴 동반자일지 모르지만, 지구에서 사는 생명체들에게 달은 지구의 환경을 안정되게 유지해 주는 소중한 존재입니다. 만약 달이 없거나 지금보다 훨씬 작았다면 지구 자전축의 기울기가 주기적으로 크게 변할 수 있고, 가혹한 기후변화가 자주 일어나서 생명체들이 진화하는데 어려움이 많았을 것입니다.

2억 2,000만 km

화성
근일점

화성
거리 1.52AU | 공전주기 687일 | 적도반지름 0.533$R_⊕$
질량 0.107$M_⊕$ | 자전축 25.2˚ | 자전주기 1.03일
표면온도 −63℃ (−143 ~ 35℃) | 위성 2개

2억 4,000만 km

화성
원일점

Mars

화성 ♂

지구가 푸른 행성이라면 화성은 붉은 행성입니다. 화성의 붉은색은 표면의 산화철(녹)이 내는 색입니다. 서양에서는 전쟁의 신인 마르스Mars(화성)와 미의 여신 비너스Venus(금성)가 각각 남성과 여성을 대표하는 천체입니다. 지금도 그 기호인 ♂와 ♀는 남성과 여성을 상징하는 기호로 쓰이고 있습니다.

화성 표면은 지구와 달을 반반쯤 섞어 놓은 모습입니다. 계곡과 사막과 극지방의 하얀 극관은 지구를 닮았고 수많은 화구는 달을 닮았습니다. 지구를 닮은 지형이 있는 까닭은 지구처럼 핵과 맨틀과 판으로 이루어진 지각이 있어 지질활동이 일어났기 때문입니다. 태양계에서 가장 높은 산인 올림푸스 산도 화성에 있습니다. 하지만 이제 식어서 더 이상의 지질활동은 없습니다.

화성은 자전축의 기울기와 자전주기 또한 (우연이겠지만) 놀랍게도 지구와 비슷해서 지구처럼 밤낮이 생기고 계절 변화가 일어납니다. 대기만 충분했다면 제2의 지구가 될 뻔했지요. 하지만 화성은 대기압이 지구의 100분의 1도 안 되는 옅은 대기만 있는데다 그마저 이산화탄소가 주성분입니다. 또한 기압이 너무 낮아 표면에서는 물이 고체 상태로만 존재합니다.(물질은 고체, 액체, 기체가 공존하는 삼중점보다 낮은 압력에서는 고체와 기체 상태만 가능합니다.) 하지만 화성 남극에 있는 얼음 극관이 다 녹으면, 그 물로 화성 전체를 11m 깊이로 덮을 수 있습니다. 게다가 지각 속에서는 액체 상태의 물이 발견되고 있어 생명체가 존재할 가능성이 가장 높게 점쳐지는 행성입니다.

화성의 두 위성인 포보스와 데이모스는 크기가
각각 22km, 12km쯤 되는 불규칙하게 생긴
바윗덩어리입니다. 지구의 위성인 달에 비하면
존재감이 거의 없지요. 이들은 소행성이었는데 화성에
붙잡힌 것으로 보입니다.

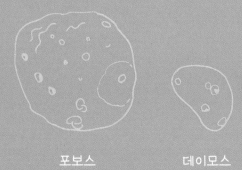

포보스　　　데이모스

3억 2,000만 km

화성과 목성 사이, 수많은 바윗덩어리들이
태양을 공전하고 있는 이곳은 소행성대입니다.

2.2_{AU}

베스타

(평균)지름 525km
거리 2.36AU 근일점 2.15AU
원일점 2.57AU 공전주기 3.63년

소행성대

거리: 약 2.2~3.3AU | 두께: 약 1억 km

소행성의 수: 수백만 개 (지름 100km 이상 200여 개)

총질량 0.004$M_\oplus$ | 공전주기: 약 3~6년

3억 6,000만 km

000만 km   4억 km

세레스

지름 940km
거리 2.77AU
근일점 2.56AU
원일점 2.98AU
공전주기 4.60년

팔라스

(평균)지름 512km
거리 2.77AU 근일점 2.13AU
원일점 3.41AU 공전주기 4.62년

히기에이아

(평균)지름 434km

거리 3.14AU 근일점 2.79AU

원일점 3.49AU 공전주기 5.57년

◂3.3AU

소행성대

소행성대에는 지름 100km가 넘는 소행성이 최소 200여 개, 1km 넘는 것은 110만~190만 개 존재한다고 알려져 있습니다. 숫자는 많지만 소행성대의 바위들을 다 합쳐도 달 질량의 25분의 1밖에 안 됩니다. 그나마 전체 질량의 절반은 가장 큰 네 개의 물체인 세레스, 베스타, 팔라스, 히기에이아가 차지합니다. 그중에서도 세레스는 모양이 제각각인 다른 바위들과 달리 중력이 충분히 커서 자체의 중력으로 공 모양이 되었습니다. 그래서 소행성대에서는 유일하게 왜소행성dwarf planet으로 분류됩니다.

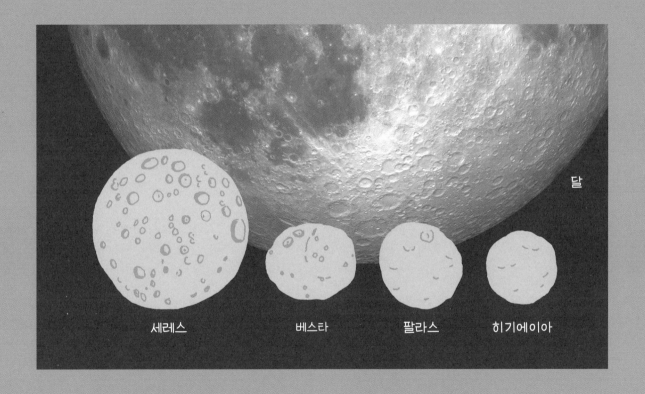

달

세레스

베스타

팔라스

히기에이아

우주선을 타고 소행성대를 지난다면?

태양계에서 바깥쪽 행성들로 산책을 가려면 우주선을 타고 소행성대를 지나야 합니다. 혹시 우주선이 바윗덩어리와 부딪치지는 않을까요? 그럴 수도 있지만, 확률은 매우 낮습니다. 그동안 지구에서 출발한 외행성 탐사선들은 모두 충돌 없이 잘 지나갔습니다. 소행성대라고는 해도 바윗덩어리들 사이의 평균 거리가 지구와 달 사이의 2.5배로, 바위들이 멀찍멀찍 떨어져 있어서 대부분의 공간은 비어 있기 때문입니다. 우주선을 타고 지난다 해도 소행성대라는 사실조차 알기 어렵지요. 망원경 관측을 통해 수많은 바윗덩어리들의 전체적인 분포를 살펴보아야만 소행성대의 존재를 확인할 수 있습니다. 바위들이 드문드문 흩어져 있다 보니 소행성대에 있는 바윗덩어리들끼리 충돌하는 일도 매우 드뭅니다. 크기가 10km 이상인 물체들끼리의 충돌은 천만 년에 한 번 정도 일어난다고 알려져 있습니다. 분명, 사람의 시간 척도로는 매우 드문 일이지요. 하지만 138억 년 역사인 우주의 시간 척도로 볼 때는 종종 일어나는 일로 간주됩니다.

경계와 틈

소행성대의 경계선은 어디일까요? 소행성들은 주변 행성, 특히 질량이 가장 큰 목성의 영향을 많이 받습니다. 소행성대의 안쪽 경계선은 대략 2.2AU인데 이 위치는 목성과 4:1의 궤도 공명이 일어나는 지점입니다. 목성이 한 번 궤도를 도는 동안 이 위치에 있는 물체들은 네 번 궤도를 돌지요. 물체가 이 궤도에 들어오면 목성 중력의 영향을 꾸준히 받아서 불안정한 궤도로 쫓겨나게 됩니다. 바깥쪽 경계는 3.3AU 지점으로 목성과 2:1 궤도 공명이 일어나는 곳입니다.

안쪽과 바깥쪽 경계 사이에도 3:1(2.5AU), 5:2(2.82AU), 7:3(2.95AU)으로 궤도 공명이 일어나는 곳은 물체들이 모두 쫓겨나서 비어 있는데, 이를 '커크우드 틈'이라고 합니다. 그렇지만 물체들이 너무 띄엄띄엄 있기 때문에 소행성대를 지나면서 이런 틈을 눈으로 확인할 수는 없습니다.

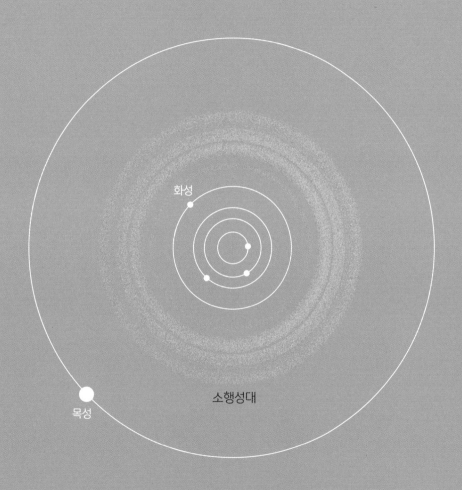

화성

소행성대

목성

6억 6,000만 km

3,000만 km   7억 km

목성은 태양계에서 가장 큰 행성입니다.

지구와 비교하면 지름은 10배, 질량은 318배로 태양계의

다른 행성들을 다 합친 질량의 2.5배나 됩니다.

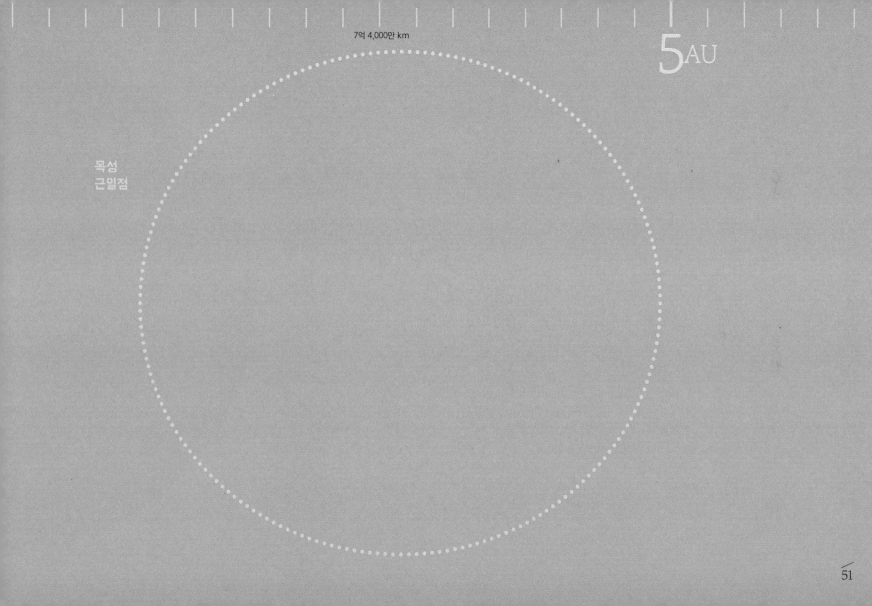

7억 4,000만 km

5AU

목성
근일점

7억 6,000만 km

목성
거리 5.20AU | 공전주기 11.9년 | 적도반지름 11.2$R_\oplus$ | 질량 318$M_\oplus$ | 자전축 3.13°
자전주기 0.414일 | 표면온도 −108℃(1기압 높이), −161℃(0.1기압 높이)
위성 79개. 그림 속 위성은 이오, 유로파, 가니메데, 칼리스토(목성에서 가까운 순서)

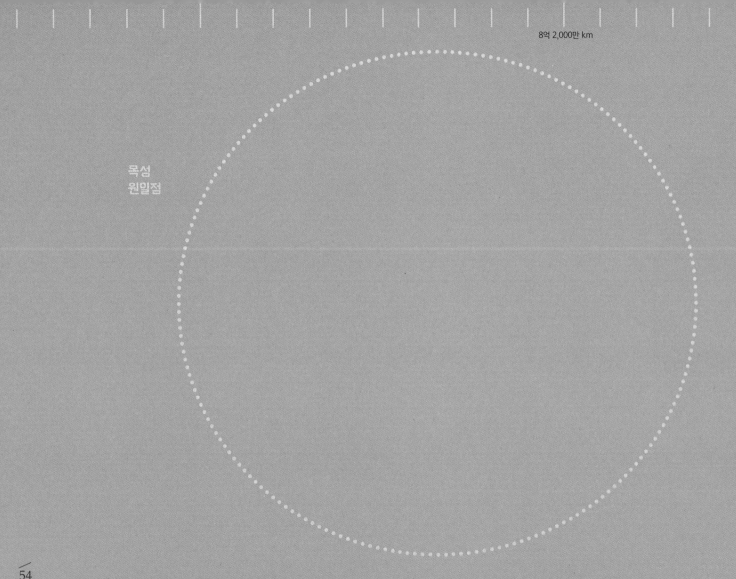

8억 2,000만 km

목성
원일점

가장 무게감 있는 행성인 목성은 태양과 더불어
현재 태양계의 모습을 만드는 데 중요한 역할을 했습니다.

목성 ♃

Jupiter

목성은 암석 행성인 안쪽의 네 행성(수성, 금성, 지구, 화성)과는 구조가 완전히 다릅니다. 중심에 바위로 된 핵이 있긴 하지만 질량의 대부분은 높은 압력 때문에 금속의 성질을 갖게 된 금속성 수소와 헬륨이 차지하고 그 바깥쪽은 수소와 헬륨 유체로 되어 있어, 거대 기체 행성으로 불립니다. 목성 같은 거대 기체 행성에는 딱딱한 표면이 존재하지 않아서 우주선이 착륙할 수 없습니다. 착륙을 시도하면 수만 킬로미터 아래까지 물에 빠진 돌처럼 계속 가라앉습니다. 가라앉다 보면 언젠가는 딱딱한 물질에 닿겠지만, 그 전에 온도와 압력이 높아져 살아남을 수 없습니다.

겉보기에 목성의 가장 큰 특징은 줄무늬를 이루고 있는 흰색과 갈색의 띠입니다. 적도 방향과 나란한 이 띠들은 옆으로 움직이고 있습니다. 밝은 띠와 어두운 띠의 경계선에서는 소용돌이가 생겨납니다. 이것은 목성의 대기가 펼치는 거대한 기후 현상입니다. 수소와 헬륨이 주성분인 목성의 대기층에는 물과 암모니아 등 다양한 분자들도 포함되어 있습니다. 대기의 대류층은 암모니아 결정으로 된 구름으로 항상 덮여 있는데, 대기의 상승과 하강에 따라 온도가 달라지고 구름 색이 바뀌는 장관을 연출합니다.

남반구에는 대적반great red spot이라고 하는 커다란 소용돌이무늬가 있습니다. 대적반은 지구보다도 규모가 큰 태풍으로, 1831년에 처음 관측된 이래 현재까지 소멸되지 않고 남아 있습니다. 다만 허블망원경의 지속적인 관측에 따르면 크기는 계속 줄어들고 있다고 합니다.

목성의 남북극 근처에서는 오로라가 관측됩니다. 목성은 지구보다 14배나 강한 자기장을 지니고 있기 때문에 지구의 오로라와는 비교도 안 되게 거대한 오로라입니다. 하지만 자전축의 기울기가 3.13°로 작아서 지구나 화성에서와 같은 계절 변화는 없습니다.

목성은 별이 될 수 있었을까?

목성은 태양계의 진공청소기로도 불립니다. 강한 중력으로 근처를 지나는 물체들을 잡아당겨 집어삼키기 때문입니다. 가장 최근에 뉴스가 되었던 사건은 2009년과 2010년 슈메이커-레비9 혜성의 파편들이 목성으로 떨어지면서 최대 8,000km짜리 거대한 반점을 만든 일입니다. 만약 그런 파편들이 지구와 충돌한다면 큰 재앙이 될 것입니다. 태양계 바깥쪽 멀리에서 어쩌다 태양계 안쪽으로 들어오는 큰 물체들이 있는데, 이러한 물체도 대부분 목성이 막아 줍니다.

목성의 질량은 태양의 1,000분의 1입니다. 만약 목성이 조금 더 무거웠다면 별이 될 수 있었을까요? 그렇지는 않습니다. 최소한 지금보다 75배는 더 무거워야 (수소 핵융합을 통해) 별들처럼 스스로 빛을 낼 수 있을 테니까요. 하지만 지금도 목성은 자체적으로 열을 내고 있어서 태양빛으로 받는 에너지보다 더 많은 에너지를 밖으로 방출합니다. 자체 에너지의 근원은 아직 밝혀지지 않았습니다.

9억 4,000만 km

목성의 위성들

목성은 많은 위성을 거느리고 있습니다. 현재까지 알려진 것만 79개이고, 숫자는 더 늘어날 수 있습니다. 그중 가장 큰 네 개인 가니메데, 칼리스토, 이오, 유로파는 1610년에 갈릴레이가 망원경으로 발견한 것들로, 갈릴레이 위성이라고 합니다. 갈릴레이 위성은 질량이 충분히 커서 자체 중력에 의해 구형이 되었고, 행성과 비슷한 내부구조를 지녔습니다. 또한 각각의 중력이 서로 영향을 끼쳐서 이오, 유로파, 가니메데는 4:2:1의 궤도 공명 상태에 있습니다. 가니메데가 한 번 공전하는 동안 유로파는 두 번, 이오는 네 번 공전하지요.

이오는 갈릴레이 위성 중 목성에서 가장 가깝습니다. 그래서 목성 중력의 영향을 크게 받아 내부에서 강한 지질활동이 일어나고 있는 것으로 보입니다. 표면이 화산과 용암으로 뒤덮여 있고, 지구의 에베레스트 산보다 높은 산이 여럿 있는 것도 그 때문으로 추정됩니다. 외행성의 위성들이 대부분 얼음으로 되어 있는 것과 달리 이오는 바위로 되어 있다는 점도 특이합니다. 이오는 철 또는 황화철로 된 핵을 규산염의 바위가 둘러싸고 있고, 표면은 황과 이산화황으로 덮여 있어 노란색을 띱니다.

유로파는 표면이 얼음으로 덮여 있지만 그 아래에는 액체 바다가 존재할 것으로 예상됩니다. 철-니켈로

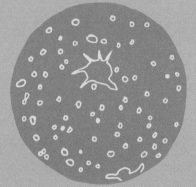

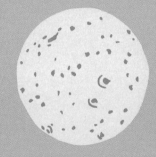

1,000km

가니메데

지름 5,268km

목성과의 거리 107만 km

칼리스토

지름 4,820km

목성과의 거리 188만 km

이오

지름 3,643km

목성과의 거리 42만 km

유로파

지름 3,122km

목성과의 거리 67만 km

10억 2,000만 km

100km

아말테아

히말리아

테베

엘라라

메티스

파시파이

카르메

시노페

리시테아

아난케

아드라스테아

레다

유로파

된 핵에, 규산염 바위와 물의 얼음으로 된 지각이 있습니다. 엷은 대기는 산소로 이루어져 있지요. 크기는 달보다 조금 작지만 물의 양은 지구보다도 많습니다. 어쩌면 유로파에 생명체가 있을지도 모릅니다.

가니메데는 태양계에 있는 위성 중 가장 크고 무겁습니다. 크기는 수성보다도 조금 큽니다. 하지만 질량은 수성의 반 정도입니다. 주성분이 얼음이라 가벼운 편이지요. 자기장이 있는 유일한 위성입니다. 자기장이 있다는 건 지구처럼 역동적인 내부구조를 가졌다는 신호입니다.

칼리스토는 갈릴레이 위성 중 가장 바깥에 있으며 두 번째로 큽니다. 수성과 거의 같은 크기이지만 질량은 수성의 3분의 1에 불과합니다. 지질활동이 거의 없었던 것으로 보이며, 그래서 표면이 충돌 분화구들로 완전히 덮여 있습니다. 칼리스토는 미국항공우주국NASA의 연구에서 바깥쪽 태양계 탐사를 위한 기지를 만들기에 최적의 장소로 선정되기도 했습니다.

갈릴레이 위성에 비하면 나머지 위성들은 크기가 매우 작고, 모양도 공 모양이 아닌 다양한 모양을 하고 있습니다.

목성의 고리

행성의 고리라고 하면 보통 토성을 떠올리지만 거대 행성에는 모두 고리가 있습니다. 목성에는 갈릴레이 위성들보다 안쪽인, 목성으로부터 10만~20만 km 거리에 네 개로 나누어진 고리가 존재합니다. 두께는 수백에서 수천 킬로미터입니다.

토성의 고리는 주성분이 얼음 덩어리인 반면에 목성의 고리는 안쪽의 위성에서 떨어져 나온 먼지로 되어 있습니다. 먼지는 얼음에 비해 잘 보이지 않습니다. 우리가 목성의 고리를 늦게 발견한 이유입니다.

그리스 군단과 트로이 군단

행성의 궤도 주변에는 태양의 중력과 행성의 중력이 균형을 이루어 물체를 잡아둘 수 있는 중력 우물이
생깁니다. 이를 라그랑주 지점이라고 합니다. 오른쪽 그림에서 보듯이 L1~L5까지 다섯 개의 라그랑주
지점이 있습니다. 이 중 태양과 행성을 잇는 선 위에 놓인 L1, L2, L3는 불안정한 지점인 반면, 행성
궤도에서 행성의 앞과 뒤로 60° 떨어진 L4와 L5는 안정된 지점으로 물체들이 오래 머물 수 있습니다.
특히 목성은 질량이 크다 보니 목성의 L4와 L5 지점에는 많은 물체들이 잡혀서 목성과 함께 태양 주위를
돌고 있습니다. 목성보다 앞선 L4의 집단을 그리스 군단, 목성을 뒤따르는 L5의 집단을 트로이 군단이라
부릅니다. 그리스 신화의 트로이 전쟁을 떠올리게 하는 이름입니다.

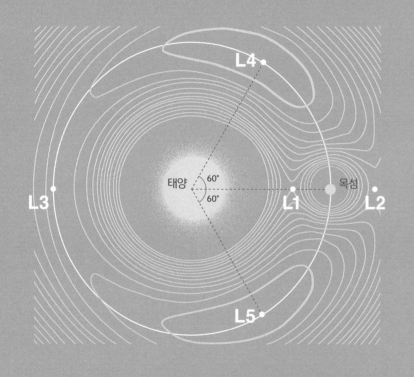

11억 4,000만 km

L4

L3

태양 60°
60°

L1 목성

L2

L5

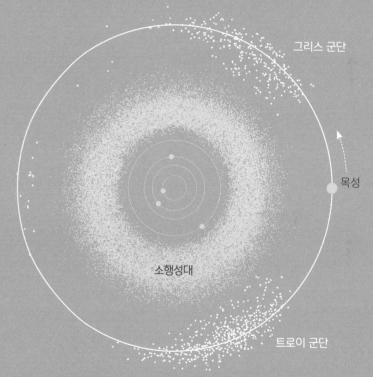

그리스 군단

목성

소행성대

트로이 군단

11억 6,000만 km

3,000만 km

8AU

12억 km

12억 2,000만 km

12억 4,000만 km

12억 6,000만 km

8,000만 km

13억 km

13억 2,000만 km

목성까지도 먼 길이었는데 딱 그만큼 더 가서야 태양계에서
가장 개성 있는 행성, 토성을 만나게 됩니다. 빠르면 이쯤에서요.

13억 4,000만 km

9AU

토성
근일점

13억 6,000만 km

8,000만 km

14억 km

77

토성
거리 9.58AU | 공전주기 29.5년 | 적도반지름 9.45$R_\oplus$
질량 95.2$M_\oplus$ | 자전축 26.7˚ | 자전주기 0.444일 | 표면온도 −139℃(1기압 높이),
−189℃(0.1기압 높이) | 위성 82개. 그림 속 위성은 타이탄

Saturn

토성 ♄

토성은 목성과 같은 거대 기체 행성입니다. 수소와 헬륨이 주성분이고 구조도 목성과 비슷합니다.

목성보다 조금 늦게 태어나는 바람에, 목성이 이미 주변의 물질을 많이 끌어가 버려서 목성만큼 커지지 못하고 성장이 멈춘 것으로 보입니다.

목성보다 작고 무게가 덜 나가다 보니 중력에 의한 수축도 더 적게 일어나서, 밀도도 목성보다 작습니다.

토성의 평균밀도는 0.687g/cm³로 태양계에 있는 모든 행성 중에서 가장 작으며 물보다도 작습니다.

그래서 토성은 태양계 행성 중 유일하게 물에 뜨는 행성입니다.

토성도 목성처럼 표면에 구름 띠가 있습니다. 하지만 목성보다 흐리게 보입니다.

8,000만 km

15억 km

10AU

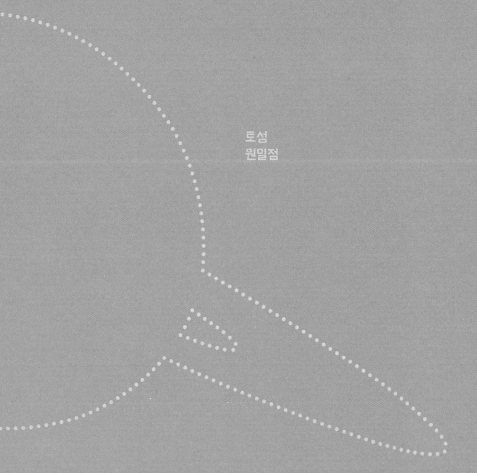

15억 2,000만 km

토성
원일점

15억 4,000만 km

토성은 선명하게 보이는 커다란 고리로 한껏 멋을 내고 있습니다.

토성의 고리

토성 고리는 토성 표면으로부터 6,600km에서 12만 km까지 넓게 펼쳐져 있어서, 그 안에 지구 여덟 개를 나란히 넣고도 남을 정도입니다. 하지만 놀랍게도 평균 두께는 20m입니다. 폭과 두께의 비율로 보면 보통의 종이보다 천 배 이상 얇은 셈입니다.

고리를 이루는 입자들은 대부분 얼음 알갱이들입니다. 크기는 먼지만 한 것에서 설악산 흔들바위보다

두 배는 더 큰 덩어리까지 다양한데, 이들이 태양빛을 반사하여 장관을 연출합니다.

고리는 여러 개의 고리 띠로 나뉘어 있습니다. 고리 띠 사이의 틈은 고리 주변의 궤도를 도는 위성들의
영향 때문입니다. 위성들과 궤도 공명이 일어나는 위치에 있던 입자들이 모두 쫓겨나 틈이 생겼습니다.

지구를 닮은 위성, 타이탄

2019년 국제천문연맹의 소행성 센터가 토성의 위성 20개를 새로 발견했다고 발표했습니다. 이로써 토성은 위성이 총 82개로, 79개인 목성을 제치고 태양계 행성들 중 위성이 가장 많은 행성으로 등극했습니다. 하지만 그 지위를 계속 유지할 수 있을지는 알 수 없습니다. 성능이 더 뛰어난 망원경들이 속속 등장함에 따라 더 작은 위성들까지 찾아내면 순위는 언제든 바뀔 수 있기 때문입니다.

82개나 되는 토성의 위성 중 가장 큰 것이 타이탄입니다. 타이탄은 지름이 달의 약 1.5배로 행성인 수성보다 크고, 위성 중에서는 목성의 위성인 가니메데에 이어 두 번째로 큽니다. 게다가 태양계의 위성 중 유일하게 짙은 대기가 있는 것으로 알려져 천문학자들의 주목을 받았습니다. 보이저 1호는 이런 타이탄을 탐사하기 위해서 행성들의 궤도면을 벗어날 것을 감수하고 방향을 틀었지요.

타이탄의 대기는 주성분이 질소인데, 파란색 빛을 흡수하는 유기질소 분자들이 섞여 있어서 오렌지색을 띱니다. 지구의 대기 역시 80% 가까이가 질소이지요. 또한 놀랍게도 타이탄의 표면에는 지구와 꼭 닮은 지형들이 있습니다. 산이 있고, 강이 있고, 호수가 있어요. 구름이 있어 비도 내립니다. 지구와의 차이점은 구름과 비, 강과 호수를 만드는 것이 물이 아니라 메탄이라는 사실입니다. 타이탄의 표면온도는 영하 180도로 우리에게는 몹시 추운 곳이지만, 이 온도에서 메탄은 딱 물과 같은 역할을 합니다.

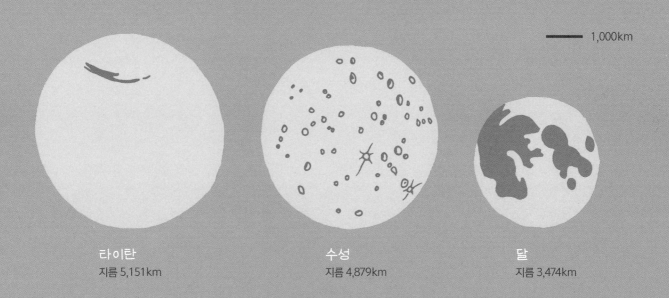

——— 1,000km

타이탄
지름 5,151km

수성
지름 4,879km

달
지름 3,474km

태양계 탐사선들

다음 행성인 천왕성까지는 정말 멀고 먼 길입니다. 보이저 2호는 토성을 통과한 뒤, 꼬박 5년 5개월을 더 날아가서야 천왕성에 접근할 수 있었습니다. 천왕성만큼은 멀지 않더라도 지구를 떠나 멀리 떨어진 다른 행성까지 여행한다는 것이 쉬운 일은 아닙니다.

태양계에서 행성들의 크기가 이 책에 있는 것과 같을 때 거리는 책에 나타낸 것보다 100배 멀다고 했던 것을 기억하시죠? 아래 그림은 크기와 거리 비례가 같을 때 지구와 달이 얼마나 떨어져 있는지 나타낸 것입니다. 만약 이와 같은 비율로 놓는다면 이 책에는 수성조차 등장하지 못합니다. 수성은 253쪽에나 있을 테니까요. 토성은 5,728쪽은 되어야 나타납니다. 그러니 지구에서 출발할 때 방향이 조금만 틀어져도 우주선은 목표로 했던 행성이 아니라 엉뚱한 곳으로 날아가 버릴 겁니다.

게다가, 태양계를 여행하는 우주선은 직선으로 날아가는 것이 아니라 태양과 행성을 도는 궤도를 따라 가야 합니다. 정확한 우주비행을 위해서는 태양은 물론이고 주변 행성들의 중력까지 반영해서 정확한

지구

$R_\oplus$
6,378km

0 km   5만 km   10만 km   15만 km

궤도를 설계하고, 설계한 궤도에 진입하도록 정밀하게 발사해야 하지요. 발사 후에도 우주선이 궤도를 잘 따라가는지 추적해서 조금이라도 벗어나면 추진 엔진을 써서 바로잡아야 합니다. 모든 과정에서 매우 정밀하고 까다로운 기술과 경험의 축적이 필요합니다.

1950년대 말에야 인류는 최초로 지구 밖으로 탐사선을 보냈습니다. 첫 목적지는 지구와 가장 가까운 달이었습니다. 하지만 첫 시도는 심지어 달을 맞추지도 못하고 빗나가 버렸습니다. 그 후 달을 넘어 금성과 화성을 탐사하면서도 수차례 발사 실패와 궤도 이탈을 겪었습니다. 이런 경험이 있었기에 1960년대 후반과 1970년대에 여러 우주탐사를 성공시킬 수 있었고, 목성과 토성까지도 탐사선을 보낼 수 있게 되었습니다. 지금도 망갈리안, 인사이트 같은 화성 탐사선을 비롯해서 목성 탐사선인 주노, 해왕성 너머 명왕성까지 근접한 뉴호라이즌호 등 다양한 탐사선들이 활동 중입니다. 이들 탐사선들이 보내오는 사진과 자료를 통해서 인류는 태양계를 더 잘 알아가고 있습니다.

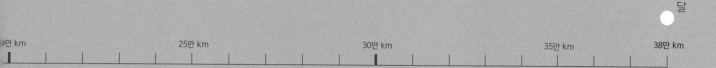

달

0만 km   25만 km   30만 km   35만 km   38만 km

태양계 산책을 위한 최소한의 속력

지구에서 먼 행성까지 우주선을 보내는 것이 얼마나 어려운 일인지 이야기했지만, 실은 출발부터가 문제입니다. 태양계 산책을 하려면 일단 지구 밖으로 나가야 하는데 그러려면 옆이 아니라 위로(하늘로) 올라가야 합니다. 높은 산에 올라 본 사람은 알겠지만 위로 올라가는 일은 매우 힘듭니다. 지구의 중력이 우리를 아래로(지구 중심 방향으로) 잡아당기고 있기 때문입니다. 지구를 벗어난다는 것은 단지 지면에서 발을 떼는 것이 아니라 지구 중력의 영향권을 벗어나는 일입니다.

도대체 얼마나 올라가야 지구의 중력을 벗어나게 될까요? 물체를 위로 던지면 잠깐 위로 올라가다 다시 아래로 떨어집니다. 그런데 아주 세게 던지면 끝없이 올라가서 다시 내려오지 않을 수도 있을까요? 예, 그렇습니다. 땅으로 떨어지지 않고 지구 궤도를 도는 데 필요한 최소 속력은 초속 8km입니다. 이보다 더 세게 던지면 지구 궤도를 벗어나 아예 지구를 떠날 수도 있습니다. 그렇게 되는 최소의 속력을 탈출속력이라고 합니다. 지구 표면에서의 탈출속력은 초속 11km입니다. 총알의 속력이 초속 1km 내외이니 총알보다도 열 배 이상 빠릅니다. 이렇게 큰 속력을 얻기 위해서는 거대한 로켓이 필요합니다.

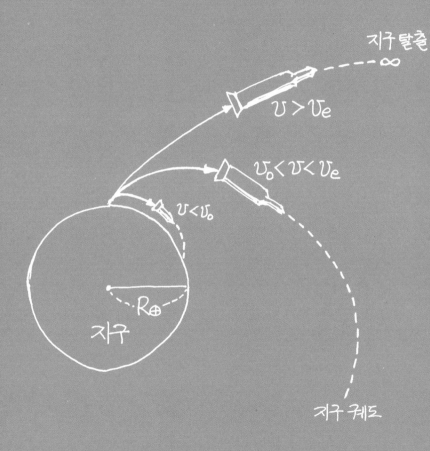

지구 탈출
∞

$\upsilon > \upsilon_e$

$\upsilon_o < \upsilon < \upsilon_e$

$\upsilon < \upsilon_o$

$R_{\oplus}$

지구

지구 궤도

지구반지름 $R_{\oplus} = 6378 \, km$

중력가속도 $g = \dfrac{GM_{\oplus}}{R_{\oplus}^2} = 9.8 \, m/s^2$

공전조건 $\dfrac{m\upsilon^2}{r} = \dfrac{GM_{\oplus}m}{r^2}$

공전속력 $\upsilon_o = \sqrt{\dfrac{GM_{\oplus}}{R_{\oplus}}} = \sqrt{gR_{\oplus}} = 7.9 \, km/s$

탈출조건 $E = \dfrac{1}{2}m\upsilon^2 - \dfrac{GM_{\oplus}m}{r} > 0$

탈출속력 $\upsilon_e = \sqrt{\dfrac{2GM_{\oplus}}{R_{\oplus}}} = \sqrt{2gR_{\oplus}} = 11 \, km/s$

로켓으로 지구 탈출속력을 얻어 지구를 벗어났다고 해도 곧바로 다른 행성으로 갈 수는 없습니다.
지구를 벗어나면 이제 태양의 중력이 발목을 잡습니다. 우리는 태양이 지배하는 태양계 마을에 살고 있는
것입니다. 지구는 태양의 중력에 의해 초속 30km의 속력으로 공전을 하고 있습니다. 그래서 우리가
지구의 중력을 벗어나도 지구와 같이 공전하는 상태가 됩니다.

만약, 태양 쪽으로 가려면 공전에 브레이크를 걸어서(공전속도의 반대 방향으로 추진을 해서) 속력을 늦추려고
노력해야 합니다. 그러면 궤도의 반지름이 줄면서 태양에 가까워집니다. 이때 브레이크를 걸었음에도
속력은 더 커지는 요상한 일이 일어납니다. 태양의 중력 때문이지요. 급브레이크를 걸어 공전을 완전히
멈추면 곧바로 태양으로 수직 낙하를 시작합니다.

반대로, 지구보다 더 바깥쪽에 있는 행성에 가려면 추진을 해서 속력을 더 키워야 합니다. 태양계를
완전히 벗어나려면 지구 궤도에 미치는 태양의 중력을 극복하기 위해 더 큰 속력이 필요한 것입니다.
지구에서의 탈출속력과 마찬가지 방법으로 지구 궤도에서 태양 중력으로부터의 탈출속력을 계산할 수

있는데 그 크기는 초속 42km입니다. 우리가 이미 지구를 벗어나 지구와 같이 초속 30km의 속력으로 공전하고 있는 경우에는 그 차이만큼의 추가 속력만 얻으면 태양계를 벗어날 수 있습니다. 지구 표면에서 출발한다면 지구와 태양계를 모두 벗어나기 위해 초속 17km 이상의 속력이 필요합니다.

운석

지구와 태양의 중력을 벗어나려면 엄청난 속력이 필요하다는 것을 알았습니다. 이제 반대의 경우를 생각해 볼까요? 태양계 바깥쪽에서 천천히 움직이던 돌덩이 하나가 태양으로 끌려 들어가다가 지구와 충돌한다고 해 봅시다. 지표면에 도달하는 돌덩이의 속력은 얼마나 될까요? 초속으로 약 53km입니다. 만약 이 돌덩이가 반지름이 1km인 거대한 공 모양이라면 히로시마에 투하된 핵폭탄의 3억 배나 되는 위력을 가집니다. 실제로 이런 일이 일어날 수 있을까요?

태양계 내, 먼 바깥쪽에 있는 카이퍼대나 오르트 구름에 속해 있던 작은 천체들이 혜성이 되어 안쪽까지 들어올 수 있습니다. 혜성은 바깥쪽에서는 느리게 움직이지만 안쪽으로 오면서 아주 빠르게 움직입니다. 이들이 지구와 부딪칠 가능성이 있습니다. 다행히 이들 중 대부분은 목성 중력의 영향으로 바깥쪽으로 튕겨져 나가서 그 안쪽의 행성은 비교적 안전합니다. 하지만 목성이 지구의 보호자 역할만 하는 것은 아닙니다. 드물게는, 반대로 혜성의 방향을 지구 쪽으로 바꾸는 역할도 합니다. 때론 소행성대에 있던 소행성을 흔들어 지구로 향하게도 하는데, 이는 더 큰 위협입니다.

사실 지금도 작은 돌덩이들은 자주 지구로 떨어집니다. 이렇게 지구로 떨어지는 돌덩이들은 속도가 빨라 대기와의 마찰로 불타면서 빛을 냅니다. 그래서 유성(흐르는 별)이라고 불리지요. 대부분의 유성은 지구 표면에 도달하기 전에 다 타버립니다. 하지만 돌덩이가 크면 다 타지 않고 남은 일부가 지면에 떨어질 수 있는데, 이를 운석이라고 합니다. 아주 커다란 운석이 떨어지면 재앙이 일어날 수 있습니다.

역사에 기록된 최대의 운석 충돌 사건은 1908년 시베리아 퉁구스카 사건입니다. 이때 운석이 지면까지 도달하진 않았지만 5~10km 상공에서 일어난 대기 폭발로 서울 전체의 세 배가 넘는 면적의 산림이 불탔습니다. 그 에너지는 히로시마 핵폭탄의 천 배로 추정됩니다. 선사시대의 큰 사건으로는 6,600만 년 전에 멕시코의 유카탄반도에 있는 칙술루브에서 있었던 운석 충돌이 있습니다. 이때 지름 수십 킬로미터인 거대한 운석이 떨어져 기후변화가 생기고, 그로 인해 공룡이 멸종했다고 보고 있습니다.

보이저호는 어떻게 태양계를 벗어났을까?

지구를 벗어나면서 얻을 수 있는 속력에 따라 행성까지 가는 비행시간도 크게 달라집니다. 비행시간을
줄이는 일은 한정된 자원을 싣고 떠나는 우주여행에서 중요한 과제입니다. 현재까지 발사된 로켓으로
얻은 최대 속력은 초속 16km로, 지구 탈출속력은 훌쩍 넘지만 태양계 탈출속력에는 조금 못 미칩니다.
그런데도 현재 태양계의 경계선을 넘어가고 있는 우주선이 있습니다. 바로 1977년에 발사된 보이저
1호와 2호입니다. 지구를 떠날 때 태양계 탈출속력에 미치지 못했는데 어떻게 태양계를 벗어날 수
있었을까요? 중력도움Gravity-assist 또는 스윙바이swing-by라는 기술 덕분입니다. 공전하는 행성의
뒤편으로 근접해서 지나감으로써 속력을 얻는 방법이지요.

스윙바이의 원리

태양계의 먼 곳까지 가는 데 필요한 스윙바이 기술의 핵심은 중력을 통한 행성과의 탄성충돌입니다. 작은 물체는 큰 물체와의 충돌 과정에서 에너지를 얻고 속력이 더 커질 수 있습니다. 이것이 어떻게 가능한지, 벽에 충돌하는 탁구공의 경우를 통해 알아보겠습니다.

충돌할 때 에너지 손실이 전혀 없는 완전탄성충돌을 가정할 경우, 벽에 탁구공을 속력 v로 던지면 탁구공은 같은 속력 v로 튕겨 나옵니다. 이제 벽이 속력 V로 탁구공 쪽으로 움직인다고 해 봅시다. 내가 벽과 같이 움직이면서 보면 벽은 정지해 있고, 탁구공은 v+V의 속도로 들어와서 -(v+V)의 속도로 나가는 것으로 보입니다. 나는 움직이지 않고 벽이 움직이는 상황으로 돌아가려면 양쪽 속도에서 V만큼 빼 주면 됩니다. 그럼 탁구공은 v의 속도로 들어와서 -(v+2V)의 속도로 나갑니다. 속도 V로 움직이는 벽에 정면으로 충돌함으로써 탁구공의 속력이 2V만큼 커진 것입니다. 얻는 속력의 크기는 들어온 방향과 튕겨 나간 방향의 각도에 따라 달라집니다. 정면충돌로 180°일 때는 2V지만 비스듬한 방향으로 들어온 경우에는 이보다 작아집니다.

정지한 벽   움직이는 벽

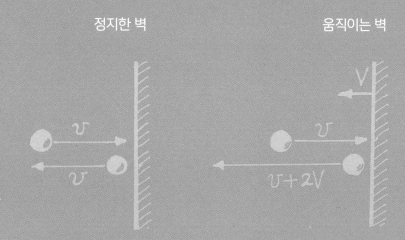

행성을 이용한 스윙바이

벽과 탁구공의 경우에는 접촉했다가 서로 밀어내는 힘에 의해 충돌이 일어납니다. 반면 중력은 떨어진
거리에서도 작용하고, 서로 잡아당기는 힘입니다. 따라서 중력을 이용해서 속력을 얻으려면 행성이
진행하는 방향의 뒤편으로 근접해서 지나가야 합니다. 더 근접해서 지날수록 방향이 꺾이는 각도가 커지고,
얻는 속력이 커집니다. 물론 너무 근접해서 행성 표면에 충돌하는 사고가 나면 안 되지요.

보이저호도 목성을 지나기 전까지는 태양계 탈출속력에 미치지 못했습니다. 하지만, 목성의 뒤편으로
근접해서 지나면서 속력을 얻어 태양계 탈출속력을 넘어섰습니다. 비행시간 단축을 위해서는 토성에서도
속력을 얻어야 합니다. 그러려면 목성과 토성을 모두 근접해서 지날 수 있도록 시기를 정확히 맞추어야
합니다.

한편, 스윙바이 기술을 반대로 적용하여 우주선이 행성의 앞쪽으로 근접해서 지나가게 하면 속도를 줄일 수
있습니다. 지구보다 안쪽에 있는 행성을 탐사할 때, 속도를 줄여 행성의 궤도에 진입하기 위해서 실제로
이 방법을 활용합니다.

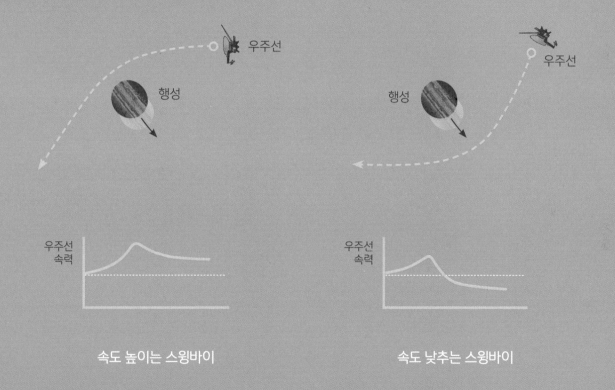

우주선

행성

우주선 속력

속도 높이는 스윙바이

행성

우주선

우주선 속력

속도 낮추는 스윙바이

사람은 지적인 생명체입니다. 자신과 주변에 대해서
호기심을 갖고 탐구하려고 합니다. 호기심을 계속 이어가다 보면
근원적인 질문에 도달합니다.

20억 4,000만 km

우리는 어디서 왔는가?

우리는 무엇인가?

우리는 어디로 가는가?

우주를 탐색하는 것도 이 근원적인 질문들에 맞닿아 있습니다.

광활한 우주에 지적인 생명체는 우리밖에 없는가?

행성 그랜드 투어

인류의 지식과 기술은 문명이 시작된 이래로 엄청나게 늘어났지만, 지구를 벗어나 우주로 나가는 일은 아직 초보적인 단계에 있습니다. 인류가 과연 태양의 영향권을 완전히 벗어날 수 있을까요? 현재까지 인류가 가장 멀리 보낸 물체는 보이저 우주선입니다. 태양계에서 바깥쪽의 행성들을 탐사하고, 태양계의 물질적 경계선까지 통과한 보이저 프로그램의 발단은 1960년대 말에 시작된 행성 그랜드 투어planetary grand tour 계획입니다.

목성, 토성, 천왕성, 해왕성 등 네 개의 외행성을 탐사하려면 로켓의 추진력만으로는 어렵습니다. 그렇지만 네 개의 외행성이 특별한 형태로 정렬했을 때를 이용하면 목성과 토성으로부터 중력도움을 받아 우주선의 속력을 높임으로써 10년 내외의 짧은 시간 안에 네 개의 행성을 모두 탐사할 수 있습니다. 그런 우주선의 항로가 있다는 것을 미국항공우주국의 제트추진연구소에서 일하던 대학원생 게리 플란드로Gary Flandro가 발견했습니다. 그 특별한 정렬은 175년에 한 번씩 일어나는데, 1970년대 말에 있을 정렬을 이용하자는 제안이 호응을 얻어 계획이 추진되었습니다. 그 결과로 발사된 우주선이 보이저 1호와 2호입니다.

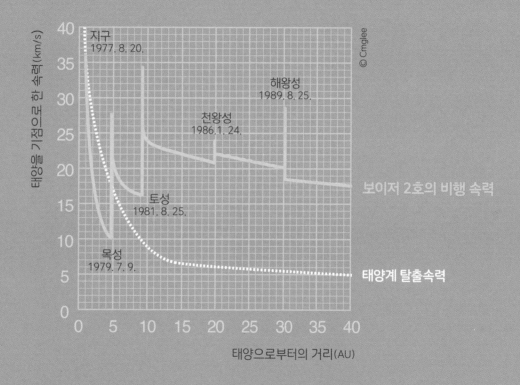

21억 4,000만 km

© Cmglee

보이저 2호의 비행 속력

태양계 탈출속력

보이저호의 여행

행성 그랜드 투어는 대성공이었습니다. 1977년 8월에 먼저 발사된 보이저 2호는 목성, 토성, 천왕성, 해왕성을 차례로 탐사했습니다. 보이저 2호는 현재까지도 천왕성과 해왕성을 탐사한 유일한 우주선입니다. 우리는 보이저 2호의 탐사로부터 천왕성과 해왕성에 관한 많은 정보를 얻었습니다. 1977년 9월에 발사된 보이저 1호는 토성에 도착한 후, 토성의 위성인 타이탄을 탐사하기 위해 방향을 바꿨습니다. 타이탄은 짙은 대기가 있어서 생명체의 존재 가능성이 높은 곳으로 여겨졌습니다. 그만큼 중요한 탐사 대상이었기에 이런 경로가 선택됐습니다. 그 뒤로 보이저 1호는 행성들의 궤도면을 벗어나 태양계 바깥쪽을 향해 항해를 계속했고, 사람이 만든 물체 중 가장 멀리 가 있는 물체가 되었습니다. 보이저 2호도 1호의 뒤를 이어 태양계 밖을 향해 계속 나아갔습니다. 2020년 현재, 보이저 1호와 2호 모두 태양계의 물질적 경계선이라 할 수 있는 태양권계면을 지나 그 바깥을 항해하고 있습니다.

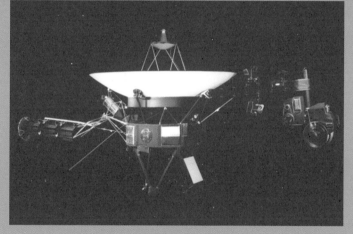

보이저 1호

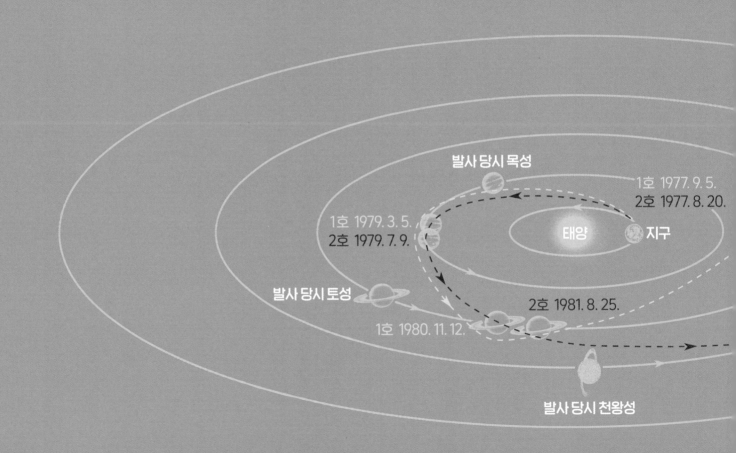

22억 2,000만 km

발사 당시 목성

1호 1977. 9. 5.
2호 1977. 8. 20.

1호 1979. 3. 5.
2호 1979. 7. 9.

태양

지구

발사 당시 토성

2호 1981. 8. 25.

1호 1980. 11. 12.

발사 당시 천왕성

보이저 1호

발사 1977년 9월 5일 12:56:00(협정세계시)

목성 349,000km 접근 1979년 3월 5일

토성 124,000km 접근 1980년 11월 12일

태양권계면 통과 2012년 8월 25일

2호 1989. 8. 25.

보이저 2호

발사 1977년 8월 20일 14:29:00(협정세계시)

목성 570,000km 접근 1979년 7월 9일

토성 101,000km 접근 1981년 8월 25일

천왕성 81,500km 접근 1986년 1월 24일

해왕성 4,951km 접근 1989년 8월 25일

태양권계면 통과 2018년 11월 5일

2호 1986. 1. 24.

발사 당시 해왕성

22억 6,000만 km

최초로 태양계를 벗어나게 될 우주선, 보이저호에는 혹시 만날 수도 있는
외계의 지적 생명체에게 보내는 인류의 메시지를 실었습니다.
보이저호에 탑재된 골든디스크에는 지구와 인류의 모습을 보여 주는
사진 115장과 자연의 소리, 여러 문화권의 음악, 55개 언어로 된 인삿말 등
지구의 소리가 담겨 있습니다.

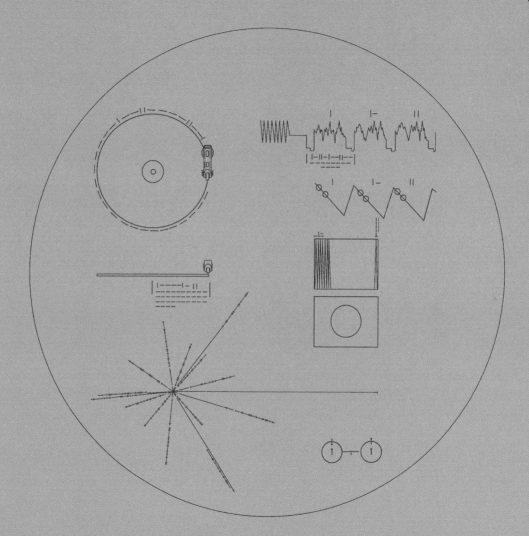

23억 2,000만 km

23억 4,000만 km

23억 6,000만 km

16AU

24억 2,000만 km

24억 4,000만 km

119

24억 6,000만 km

25억 2,000만 km

25억 6,000만 km

8,000만 km

26억 km

125

26억 2,000만 km

26억 6,000만 km

토성을 지나 한참을 달려왔습니다. 천왕성의 근일점이 보입니다.
천왕성이 태양과 가장 가까운 궤도를 돌 때 지나는 지점입니다.

27억 4,000만 km

천왕성
근일점

27억 6,000만 km

28억 2,000만 km

천왕성
거리 19.2AU | 공전주기 84.0년 | 적도반지름 4.01$R_⊕$
질량 14.5$M_⊕$ | 자전축 97.8˚ | 자전주기 0.718일(자전 방향이 반대)
표면온도 −197℃(1기압 높이), −220℃(0.1기압 높이) | 위성 27개

8,000만 km

29억 km

Uranus

천왕성 ⛢

푸른색 구슬처럼 매끈한 행성, 천왕성입니다. 목성과 토성이 거대 기체 행성이라면 천왕성은 거대 얼음
행성입니다. 기체 행성이 주로 수소와 헬륨으로 되어 있는데 비해서 얼음 행성은 물, 메탄 등 휘발성
물질들의 얼음이 주성분입니다. 바깥쪽에는 기체 행성들처럼 수소(80%)와 헬륨(19%)으로 이루어진
두꺼운 대기가 있지만, 얼음 행성인 천왕성의 대기에는 그 밖에도 메탄이 포함되어 있습니다. 이 메탄이
긴 파장의 붉은색 쪽 빛을 흡수해 버려서 푸른색으로 보이지요.

얼핏 보면 매끈하게 푸른 행성이지만 자세히 들여다보거나 적외선 사진을 찍어 보면 천왕성에도 목성에서
본 것과 같은 구름 띠가 드러납니다. 멀리서 보면 고요해 보이지만 대기 안에서는 여러 기후 현상이
일어나고 격렬한 바람이 불고 있습니다.

29억 4,000만 km

누워서 도는 행성

천왕성은 흥미롭게도 완전히 누워서 돌고 있습니다. 자전축이 공전 궤도면과 거의 일치하지요. 그래서 계절과 밤낮의 변화 또한 독특합니다. 여름에는 자전과 관계없이 낮이 이어지고, 겨울에는 밤이 이어집니다. 봄과 가을에는 자전에 의해 밤낮이 바뀝니다. 지구에서는 극지방에서만 일어나는 이러한 밤낮의 변화 양상이 천왕성에서는 적도 근방을 제외한 모든 지역에서 일어나는 것입니다. 공전주기는 84년으로, 극지방 부근에서는 42년간 낮이 지속되고 이어서 42년간 밤이 지속됩니다.

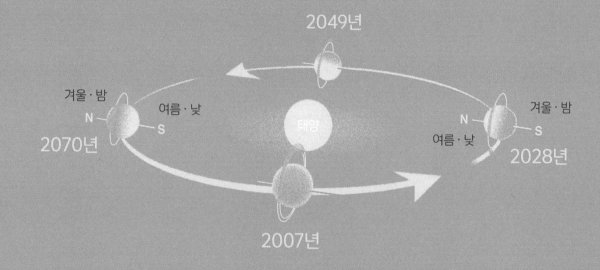

2049년

겨울·밤
N
여름·낮
S
2070년

태양

N
겨울·밤
여름·낮
S
2028년

2007년

천왕성
원일점

천왕성에는 물 얼음과 메탄 얼음으로 된 가느다란 고리들이 있습니다.

가느다란 고리들이 안정적으로 존재할 수 있는 까닭은

각각 고리의 안과 밖을 도는 오필리아와 코델리아라는 두 위성 덕분입니다.

햄릿의 연인 오필리아와 리어왕의 막내딸 코델리아에서 따온 이름이지요.

뜨거운 얼음

푸른색이 주는 차가운 느낌에 걸맞게 천왕성은 태양계 행성 중 가장 추운 행성입니다. 대기 온도가
영하 224℃로, 태양으로부터 더 멀리 있는 해왕성보다도 춥습니다. 태양에서 워낙 멀리 떨어져 있다 보니
태양빛이 데워 주는 효과보다 스스로 내는 열이 행성 온도에 기여하는 바가 더 큽니다. 그래서 더 무거운
해왕성이 온도가 더 높은 것으로 보고 있습니다.

표면은 차갑지만 행성의 안으로 들어갈수록 온도와 압력이 점점 높아져서 중심부에 이르면 태양의 표면
온도와 맞먹는 정도로 온도가 올라갑니다. 천왕성과 해왕성은 행성의 대부분이 얼음으로 되어 있지만,
행성 내부 깊숙한 곳에 있는 얼음은 우리가 생각하는 차가운 얼음이 아니라 온도가 수천 도나 되는 뜨거운
얼음입니다. 높은 압력 때문에 그렇게 높은 온도에서도 얼음으로 존재합니다.

8,000만 km

31억 km

동결선

모든 물체는 온도가 올라가면 빛을 내는데 이를 '열복사'라고 합니다. 열복사로 나오는 빛(전자기파)의
세기와 중심 파장은 물체의 온도에 따라 다릅니다.

태양계의 모든 물체는 태양이 내는 빛을 흡수해서 가열되고, 그에 따라 열복사가 일어납니다. 따라서
태양계의 물체들은 흡수하는 태양빛의 에너지와 방출하는 열복사의 에너지가 평형을 이루는 온도를
유지하게 됩니다. 그런데 태양으로부터 거리가 멀수록 태양빛이 약해지기 때문에 물체의 온도도 그만큼
낮습니다. 태양에서 네 배 멀어지면 물체의 온도는 반으로 낮아집니다.(태양빛의 세기는 거리 제곱에
반비례하고, 열복사의 세기는 온도 네제곱에 비례하므로 거리가 4배가 되면 온도는 $\frac{1}{2}$이 됩니다.)

동결선은 온도가 충분히 낮아져서 물이 얼음으로 존재하기 시작하는 지점을 나타내는 가상의 선입니다.
동결선보다 태양에서 멀면 물이 얼음 상태로 있고, 동결선보다 태양과 가까우면 액체의 물이나 수증기로
존재할 수 있습니다. 동결선의 위치는 현재 태양으로부터 5AU 정도인데, 태양계 형성 초기에는 태양이
덜 밝은데다 태양빛을 가리는 먼지들도 많아서 2.5AU에서 3AU 사이였을 것으로 추정하고 있습니다.

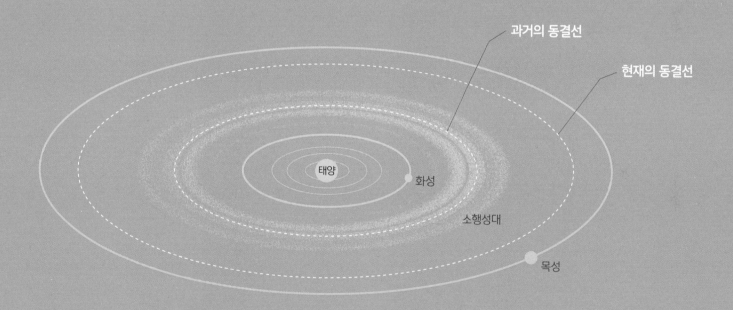

과거의 동결선

현재의 동결선

태양

화성

소행성대

목성

동결선이 가른 행성의 운명

태양계에는 여덟 개의 행성이 있습니다. 이 중 안쪽의 네 개인 수성·금성·지구·화성은 크기가 작은 암석 행성입니다. 반면에 바깥쪽 네 개인 목성·토성·천왕성·해왕성은 거대 행성으로, 주로 기체와 얼음으로 되어 있습니다. 여기서 안쪽과 바깥쪽을 나누는 기준이 바로 동결선입니다.

태양계를 이루는 물질의 대부분은 수소와 헬륨입니다. 그것들의 대부분은 태양에 모여 있지만 일부는 태양계 주위를 돌다가 서로 모여들어서 행성이 되었습니다. 태양계의 물질 중에는 무거운 원소들도 소량 있었지요. 무거운 원소들이 뭉치면 바윗덩어리가 됩니다. 바위는 끓는점이 매우 높아서 태양빛을 받아 온도가 올라가도 고체 상태를 유지할 수 있습니다. 하지만 수소와 헬륨 그리고 (산소와 탄소 같은 가벼운 원소들의 화합물인) 물이나 메탄 등의 물질은 뭉쳐서 덩어리가 되어도 끓는점이 낮아서 태양 근처에서는 고체 상태를 유지하지 못하고 기체가 되어 버립니다. 이 기체들은 태양풍에 의해 서서히 동결선 바깥쪽으로 밀려 나갑니다. 그래서 동결선 안쪽에서는 암석으로 된 행성만 만들어지게 되었습니다.

암석을 이루는 원소들의 양이 그리 많지 않았기에 암석 행성들은 거대한 행성으로 자라지 못했습니다.

반면에 동결선 바깥쪽에서는 더 양이 많았던 산소와 탄소 들의 화합물이 덩어리를 형성할 수 있어서 암석과 얼음이 뭉쳐진 더 큰 행성이 만들어졌습니다. 이 행성들은 동결선 안쪽에서 밀려난 수소와 헬륨도 끌어들일 수 있었기 때문에 거대 행성이 되었습니다. 가장 크고 무거운 행성인 목성이 물의 동결선 바로 바깥에 만들어진 것은 결코 우연이 아닙니다.

이렇듯 현재 태양계의 모습에는 태양계의 역사가 들어있습니다.

행성의 탄생과 이주

태양계 행성들은 모두 같은 방향으로 공전합니다. 서로 약간씩 기울어 있긴 하지만, 행성들이 공전하는 궤도면도 대체로 같은 면에 있습니다. 이러한 사실은 태양계 행성들의 탄생에 유사성이 있음을 암시합니다. 실제로 태양계 행성들은 태양이 만들어지던 시기와 비슷한 때에 비슷한 과정을 통해 만들어졌습니다.

기체와 먼지가 모여들면서 태양이라는 별이 생겨날 때 태양에 빨려들어 가지 않고 남은 일부 기체와 먼지는 태양 주변을 돌면서 커다랗고 납작한 원반 형태를 이루었습니다. 원시행성계원반protoplanetary disk이라고 하는 이 원반에서 기체와 먼지가 뭉쳐서 행성들이 만들어졌지요. 그래서 거의 같은 궤도면을 같은 방향으로 공전하게 되었습니다.

행성이 만들어지는 원리는 별과 같습니다. 중력에 의해 물질이 더 많은 곳으로 주변 물질이 모여들면서 만들어집니다. 원시행성계원반에서도 먼지가 뭉쳐서 점점 더 큰 덩어리로 성장했습니다. 덩어리의 크기가 수 킬로미터 이상으로 커진 미행성planetesimal들도 많이 생겨났습니다. 미행성들이 주변의 작은 덩어리를 끌어모으고 미행성들끼리 합쳐지면서 급격히 성장하면 원시행성이 만들어질 수 있습니다.

그렇지만 태양계가 어떤 과정을 거쳐 지금의 모습이 되었는지를 정확히 알기는 어렵습니다. 현재
인정받고 있는 태양계 형성 모델이 몇 가지 있는데, 공통적으로 행성들이 지금 있는 위치에서 만들어진
것이 아니라 다른 곳에서 만들어진 뒤 현재의 위치로 옮겨왔다고 설명합니다. 행성들의 이주를 주도한
것은 당연히 가장 무거운 행성인 목성과 토성의 움직임입니다. 수성, 화성, 달에 있는 많은 화구들을
조사해 보면 38억 년 전에서 41억 년 전 사이에 대규모의 운석 폭격이 있었음을 알 수 있습니다.
이 시기에 목성과 토성이 이동하면서 미행성들의 궤도를 크게 흐트려 놓았다는 것입니다. 이 과정에서
동결선 바깥쪽에 있던, 얼음이 풍부한 소행성들이 지구와 충돌하면서 지구에 물을 공급해 주었을지도
모릅니다.

현재 행성들의 배치와 관련해서 몇 가지 흥미로운 질문들이 있습니다.

화성과 목성 사이의 소행성대에는 왜 행성이 없을까?

화성은 비슷한 위치에 있는 지구나 금성에 비해 왜 많이 작을까?

한 태양계 형성 모형에서는, 목성이 지금의 화성 위치까지 안으로
깊숙이 들어왔다가 현재의 위치로 되돌아갔기 때문이라고 설명합니다.
이 과정에서 목성이 소행성대에 있던 미행성들을 대부분 흡수해 버려서
소행성대에는 행성이 생기지 못했고, 화성 궤도 부근에
미행성이 소량만 남는 바람에 화성이 커지지 못했다는 거지요.

혜성

태양계에 있는 대부분의 물체들은 원에 가까운 타원 궤도를 돌기 때문에 태양으로부터 일정한 거리를 유지합니다. 행성들 중에서 가장 찌그러진 타원 궤도를 도는 수성의 경우에도 근일점과 원일점의 차이는 두 배가 못 되며, 다음 행성인 금성의 궤도를 침범하는 일은 절대 없습니다. 그런데, 아주 길쭉한 타원 궤도를 돌면서 태양계 내의 먼 바깥쪽부터 안쪽까지를 넘나드는 천체가 있습니다. 바로 혜성입니다.

혜성은 현재까지 6,600여 개가 알려져 있습니다. 이들이 태양계의 바깥쪽에서 안쪽까지 오가는 주기는 대부분 매우 긴데, 대략 200년을 기준으로 그보다 짧으면 단주기 혜성, 길면 장주기 혜성이라고 합니다. 이렇게 나누는 이유는 주기에 따라 혜성의 고향이 다른 것으로 보이기 때문입니다.

단주기 혜성의 대표는 처음으로 혜성임이 밝혀진, 76년 주기의 핼리 혜성입니다. 단주기 혜성은 해왕성 밖에 있는 카이퍼대에서 발원하는 것으로 보입니다. 장주기 혜성은 이보다 훨씬 먼, 태양계 가장자리 쪽에서 오는 것으로 보고 있습니다. 수많은 얼음덩어리들이 넓은 지역에 걸쳐 구름처럼 퍼져 있을 것으로 예상되는 그곳을, 오르트 구름이라고 부릅니다.

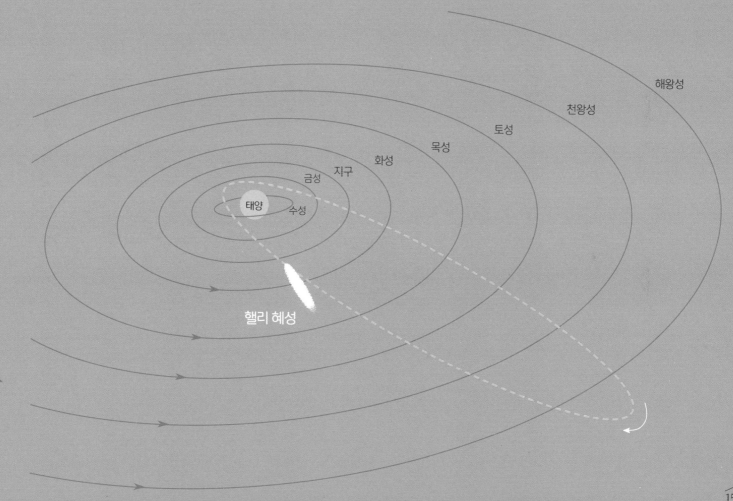

33억 4,000만 km

해왕성

천왕성

토성

목성

화성

지구

금성

태양

수성

핼리 혜성

검은 오리에서 하얀 백조로

혜성은 화려한 변신으로 우리의 시선을 끕니다. 태양계에서 바깥쪽을 지날 때 혜성은 작고 검은 얼음덩이에 불과합니다. 하지만 화성 궤도보다 안쪽에서는 거대한 대기가 형성되고, 이 대기가 태양빛을 산란시켜 행성만큼 빛을 발합니다. 조그만 검은 오리에서 장대한 하얀 백조로 변신하는 것입니다.

혜성의 핵은 물과 메탄 등의 얼음이 먼지·암석과 뒤섞여 있어서 '지저분한 얼음덩어리'로 묘사되곤 합니다. 크기는 수백 미터에서 수십 킬로미터까지 다양하지요. 그런 혜성이 화성보다 안쪽으로 들어오면, 태양빛에 의해 온도가 올라가서 얼음이 끓어오르고 기체와 먼지가 밖으로 뿜어져 나와, 핵 주변에 코마coma라고 하는 거대한 대기를 형성합니다. 코마의 크기는 핵보다 훨씬 커서 지구만 하거나 때론 태양만큼 커집니다.

대기의 일부는 태양빛과 태양풍에 밀려서 기다란 꼬리를 이루는데, 먼지꼬리와 이온꼬리로 나뉘기도 하지요. 파란색을 띠는 이온꼬리는 태양풍의 영향으로 태양의 반대쪽으로 늘어서고, 하얀색의 먼지꼬리는 태양빛의 영향을 받아 혜성 궤도를 따라 늘어섭니다. 영어에서 혜성, 코멧comet의 어원은 '긴 머리카락을 가진'이라는 뜻의 그리스어입니다.

중력으로 묶인

태양계의 천체들은 어떻게 한 마을을 이루게 되었을까요? 태양은 중력이라는 힘을 발휘하여 태양계 천체들을 자기 주변에 묶어 놓고 있습니다. 중력은 모든 물체 사이에 작용하는 힘으로, 물체의 질량에 비례하여 세지고 거리가 멀어짐에 따라 거리 제곱에 반비례해서 약해집니다.

태양계에서는 태양의 질량이 전체 질량의 99.86%를 차지하기 때문에 태양이 작용하는 중력이 압도적으로 중요합니다. 물론 큰 행성 가까이에서는 그 행성이 작용하는 중력도 중요해져서 태양이 행성들을 거느리듯이 행성은 자신의 위성들을 거느립니다. 하지만 태양계에서 힘의 중심은 언제나 태양이고 행성들은 태양의 중력을 받아 움직입니다. 태양을 중심으로 원에 가까운 타원궤도를 돌고 있지요.

이러한 행성들의 운동은 지구의 중력을 받아 사과가 아래로 떨어지는 것과 똑같은 자유낙하 free-fall 입니다. 중력에 매여 움직이는 것이고 태양 쪽으로 떨어지는 것도 아닌데 자유낙하라니, 아이러니하게 들리기도 합니다. 하지만 그렇게 움직이면 중력을 느끼지 않게 된다는 면에서는 타당하다고 할 수 있습니다.

또한 행성들이 태양으로부터 달아나 버리지 않고 태양 주위를 도는 것은 태양 쪽으로 끌어당겨지고 있기 때문입니다. 마찬가지로 달이 지구로부터 달아나지 않고 지구 주위를 도는 것도 지구 쪽으로 끌어당겨지고 있기 때문이지요. 사과가 지구로 떨어지는 것처럼 달도 지구로 떨어지고 있는 셈이고, 행성들도 태양으로 떨어지고 있는 셈입니다. 따라서 행성들의 공전이나 위성들의 공전 역시 자유낙하에 해당합니다.

궤도의 비밀

자유낙하 하는 물체는 물체의 질량과 관계없이 모두 똑같은 운동을 합니다. 행성들의 공전 운동도 행성의 질량과는 상관없이, 무거운 행성이나 가벼운 행성이나 똑같습니다. 그렇지만 거리가 멀수록 중력이 약해지기 때문에 행성의 궤도가 태양에서 멀리 떨어져 있을수록 궤도를 도는 데 걸리는 시간이 길어집니다. 행성이 궤도를 한 바퀴 도는데 걸리는 시간인 공전주기(T)의 제곱은 행성 궤도의 긴반지름(a)의 세제곱과 비례하지요.($T^2 \propto a^3$. 이를 케플러의 제3법칙 또는 조화의 법칙이라고 합니다.) 그래서 태양에서 가장 가까운 수성은 공전주기가 84일인 반면, 해왕성은 165년이나 됩니다.

행성들의 궤도는 타원이라고는 하지만 거의 원에 가깝습니다. 다만 수성은 행성 중에서 가장 찌그러진 타원 궤도를 돌고 있어서 상대적으로 근일점과 원일점의 거리 차이가 큽니다. 근일점의 방향도 조금씩(수성의 경우 100년에 0.15°) 돌아가는데, 이것을 궤도의 세차 운동이라고 합니다. 행성 궤도의 세차 운동이 일어나는 주된 이유는 주변 행성들, 특히 목성이 작용하는 중력 때문입니다. 하지만 수성의 경우에는 태양 중력에 의한 일반상대성 효과도 상당히 작용하는 것으로 밝혀져 일반상대성 이론을

검증하는 데 중요한 역할을 했습니다.

태양계 천체 중에는 혜성처럼 매우 길쭉한 타원
궤도를 돌거나 운석처럼 아예 궤도에서 벗어나
버린 물체도 있습니다. 원에 가까운 타원 궤도를
돌던 물체가 다른 물체와 충돌하거나 근처에
있는 무거운 행성의 중력에 끌리면 궤도가 이와
같이 크게 바뀔 수 있습니다.

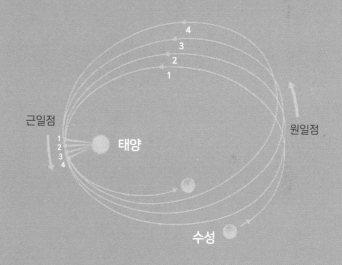

근일점

원일점

태양

수성

궤도 공명

서로 가까이 있는 행성들 또는 위성들의 공전주기가 1:2나 2:3과 같이 정수비로 맞춰지는 것을
궤도 공명이라고 합니다. 중력이 일정한 주기로 반복해서 작용하면 그 효과가 크게 나타나서 궤도 공명이
생깁니다. 그네를 탈 때 그네가 자연스럽게 왕복하는 주기에 맞춰서 밀어 주면 그네의 움직임이 매우
커지는 것과 같은, 공명의 원리입니다.

이웃한 행성 사이에 궤도 공명이 일어나면 대개는 궤도가 불안정해져서 행성들이 다른 궤도로 서서히
이탈하는 일이 일어납니다. 소행성대나 토성의 고리에서 나타나는 빈틈들이 그 예입니다. 소행성대에는
목성과 궤도 공명이 일어나는 궤도에 있던 소행성들이, 토성의 고리에서는 근처의 위성과 궤도 공명이
일어나는 궤도에 있는 물체들이 쫓겨나서 빈틈이 만들어졌습니다.

하지만 경우에 따라서는 궤도 공명이 행성의 궤도를 더 안정된 상태로 만들기도 합니다. 예를 들면
목성의 위성들인 이오, 유로파, 가니메데는 4:2:1 궤도 공명 덕분에 궤도가 안정되어 있습니다.
중력이 만들어 내는 이러한 궤도의 조화는 태양계의 모습을 더욱 다채롭게 만듭니다.

35억 4,000만 km

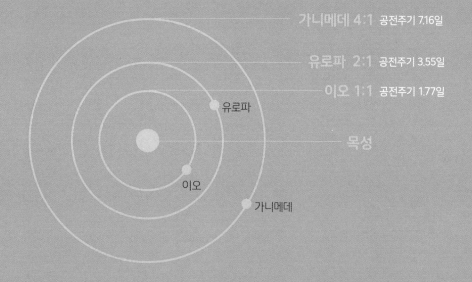

가니메데 4:1 공전주기 7.16일

유로파 2:1 공전주기 3.55일

이오 1:1 공전주기 1.77일

유로파

목성

이오

가니메데

중력을 느낀다는 것

지구의 중력은 우리를 지표면에 붙잡아 두고 있습니다. 그런데 우리는 지구의 중력을 느끼고 있을까요? 그렇다고 생각하지만, 사실 우리의 감각은 중력을 직접 느낄 수 없습니다. 사람이 느끼는 모든 감각은 전자기력이라는 힘을 통하여 이루어집니다. 우리가 중력이라고 생각하는 느낌은 실제로는 우리 몸이 받은 중력에 대한 반작용으로 작용하는 전자기력에 대한 감각입니다.

이것을 확인하는 (위험한) 방법은 높은 곳에서 뛰어내려 자유낙하를 경험해 보는 겁니다. 그러면 지구의 중력은 분명히 작용해서 내 몸이 지구를 향해 떨어지지만, 중력에 대한 반작용은 작용하지 않아서 우리는 중력이 없다고 느낍니다. 반면에 지면에 있으면 우리가 떨어지지 않도록, 다시 말하면 자유낙하 하지 않도록 지면이 전자기력을 작용하고 있어서 이를 통해 우리는 지구의 중력을 느낍니다.

앞서 이야기했듯이 지구가 태양을 공전하는 것도 자유낙하입니다. 지구와 같이 공전하는 우리는 그래서 태양의 중력을 느낄 수 없습니다. 태양계에서 태양의 중력이 가장 중요하지만 지구에 머물고 있는 동안 우리는 그것을 느끼지 못합니다. 인간은 지구에 적응해서 진화했기 때문에 지구의 중력에만 익숙하지요.

하지만 태양계 곳곳을 다니면 태양과 다른 행성들이 작용하는 중력을 느끼게 되고, 지구와는 다른 크기의 중력에 적응해야 합니다. 이때 알아야 할 중요한 사실이 있습니다. 우리는 우리 몸이 (가속되는 우주선을 타고 있어서) 가속될 때도 가속되는 방향의 반대 방향으로 힘을 받습니다. 버스를 탔는데 갑자기 버스가 출발하면 몸이 뒤로 쏠리는 것과 같습니다. 이를 관성력이라고 합니다. 그런데 우리는 이 관성력과 중력을 구별할 수 없습니다.

우주선을 타고 지구를 벗어나려면 엄청난 가속도가 필요합니다. 이때 받는 관성력을 우리는 중력이 커진 것으로 느낍니다. 평소보다 몸무게가 열 배쯤 커지는 무시무시한 경험을 하게 됩니다. 반대로, 우주선을 타고 태양계를 다니는 동안은 (방향을 바꾸거나 속도를 높이기 위해서 가속을 하지 않는 한) 자유낙하 상태에 있게 되고 우리는 중력을 느끼지 못합니다. 지구 표면에서의 중력에 적응된 우리는 무중력 상태에서 오히려 불편을 느낍니다. 우주 공간에 나가 보면 우리가 얼마나 지구 중력과 마찰력(전자기력)에 의존해서 살고 있는가를 알게 됩니다.

기조력

중력이 이끄는 대로 자유낙하를 하면 중력을 느낄 수 없다고 했지만, 완벽하게 그리 되지는 않습니다. 물체가 크다면 물체의 부분마다 받는 중력의 크기가 조금씩 다르기 때문입니다. 우리가 선 채로 높은 곳에서 뛰어내렸다고 생각해 볼까요? 지구의 중력은 거리의 제곱에 반비례해서 줄어들기 때문에 지구에 가까운 다리쪽이 받는 중력은 머리쪽이 받는 중력보다 더 큽니다. 몸 전체는 각 부분이 받는 중력의 크기를 평균한 크기만큼의 중력으로 자유낙하를 하지요. 그렇지만 머리쪽은 실제 중력이 평균보다 작으므로 위쪽으로 힘을 받게 되고, 다리쪽은 평균보다 크므로 아래쪽으로 힘을 받습니다. 자유낙하를 해도 우리 몸을 위아래로 잡아당기는 힘이 작용하는 것입니다. 이렇게 평균 중력과의 크기 차이 때문에 물체의 각 부분들이 받는 힘을 기조력이라고 합니다. 물론 우리 몸에 작용하는 기조력은 크기가 너무 작아서 느끼지 못합니다. 하지만 물체의 크기가 목성 정도, 아니 지구나 달 정도만 되어도 사정이 달라집니다.

36억 4,000만 km

기조력의 영향

갈릴레이 위성 중 목성과 가장 가까이에 있는 이오는 목성 기조력의 영향으로 공전주기와 자전주기가 같습니다. 그뿐만 아니라, 이오에서는 화산활동이 활발한데 이 또한 강력한 목성의 기조력에 의해 이오 내부에서 많은 열이 발생하기 때문이라 보고 있습니다.

지구에서는 달이 미치는 기조력에 의해 바닷물이 움직여 밀물과 썰물이 생깁니다. 지구가 달에 미치는 기조력은 더욱 커서, 목성의 위성 이오처럼 아예 달의 자전주기를 공전주기에 맞춰 놓았습니다. 그래서 우리는 항상 달의 한쪽 면만 보게 됩니다. 또한, 지구와 달의 기조력 때문에 지구는 자전이 서서히 느려지고 있고, 달은 공전속력이 서서히 느려지면서 지구로부터 조금씩 멀어지고 있습니다.

태양과 가장 가까이에 있는 수성은 태양 기조력의 영향을 강하게 받아서 자전을 세 번 하는 동안 공전을 두 번 하는 3:2의 공명이 일어납니다. 태양의 기조력은 지구에까지 영향을 미칩니다. 지구에서 태양의 기조력은 달의 기조력의 절반 크기로, 달과 태양의 상대적인 위치에 따라서 밀물과 썰물의 높이 차가 달라지는 효과를 만듭니다. 그것이 바로 조금과 사리입니다.

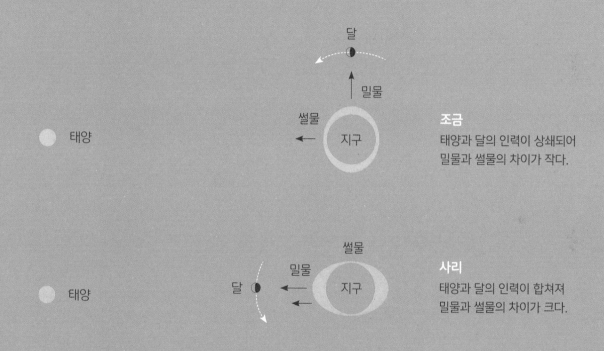

달

밀물

썰물

지구

태양

조금
태양과 달의 인력이 상쇄되어
밀물과 썰물의 차이가 작다.

썰물

밀물

지구

달

태양

사리
태양과 달의 인력이 합쳐져
밀물과 썰물의 차이가 크다.

공 모양이 되려면

태양계에서 가장 큰 물체인 태양과 행성들은 모두 공 모양입니다. 반면 태양계의 작은 물체들은 형태가 다양합니다. 이런 차이는 어디서 올까요?

형태는 물체를 이루는 작은 부분들 사이에 작용하는 힘들의 균형에 의해 결정됩니다. 그 힘은 크게 보면, 중력과 전자기력이라는 두 종류의 근본적인 힘입니다. 중력과 전자기력의 커다란 차이는 힘의 세기입니다. 중력은 아주 약한 힘이고 전자기력은 매우 강한 힘입니다. 중력은 모든 물체 사이에 작용하고 잡아당기는 힘만 있는 반면, 전자기력은 전하를 띤 물체 사이에만 작용하고 잡아당기는 힘과 밀어내는 힘이 모두 있다는 것 또한 중요한 차이입니다.

전자기력의 원인인 전하는 양과 음, 두 부호가 있어서 부호가 다를 때는 잡아당기고 같을 때는 밀어냅니다. 세상의 물질들은 모두 원자로 되어 있습니다. 원자는 양의 전하를 가진 핵과 음의 전하를 가진 전자가 전자기력으로 서로 속박된 상태라서, 원자 자체로는 중성입니다. 하지만 원자들끼리 아주 가까워지면 전자를 공유함으로써 단단히 뭉칠 수 있고, 많은 원자들이 모이면 핵과 전자가 서로 잡아당기는 힘과 핵들끼리 밀어내는 힘이 조화를 이루어 일정한 형태를 유지하는 물체를 만들 수 있습니다. 그렇더라도 원자 자체는 전하가 없는 중성이기 때문에 전자기력은 먼 거리까지 영향을 미치지는 못합니다.

반면에 중력은 약한 힘이기는 하지만 전자기력처럼 상쇄가 되지 않기 때문에 물체의 크기가 커질수록 힘의 크기가 계속 커집니다. 물체의 크기가 충분히 커지면 이웃한 원자들 사이에 작용하는 전자기력보다 중력의 영향이 더 커집니다. 그러면 중력에 의해 물체의 모든 부분들이 서로를 잡아당겨 물체는 공 모양이 되고, 크기는 최대한 줄어듭니다. 고체처럼 딱딱한 물체들은 크기가 줄어들기 어렵기 때문에 모양만 공 모양으로 바뀌지요.

물체가 얼마나 커야 이렇게 중력에 의해 공 모양으로 바뀔까요? 그건 물체가 무엇으로 이루어져 있느냐에 따라 다릅니다. 주로 암석이나 얼음으로 이루어진 물체들은 크기가 수백 킬로미터를 넘어가면 중력에 의해 둥근 공 모양이 되고, 그보다 작으면 전자기력에 의해 만들어졌을 때의 형태를 유지합니다.

행성의 겉과 속

물체의 크기가 수백 킬로미터보다 훨씬 더 커져서 중력이 더욱 크게 작용하면 그땐 물체 안에서 물질의 밀도에 따른 재배치가 일어납니다. 밀도가 높은 물질은 중심 쪽으로 가고, 밀도가 낮은 물질은 바깥쪽으로 밀려나지요. 태양계 행성들은 모두 크기가 수천 킬로미터 이상으로, 이와 같은 과정을 거쳤습니다.

그래서 암석 행성의 경우 중심에는 밀도가 높은 철과 니켈이 있고, 그 다음 층에는 규소와 알루미늄 등이 주성분인 암석이 있습니다. 거대 행성에는 철과 암석 이외에도 수소와 헬륨, 얼음 상태의 물과 메탄 등이 많습니다. 그래서 암석 바깥에 얼음이 있는 층과 기체 상태의 수소와 헬륨이 있는 층이 이어집니다.

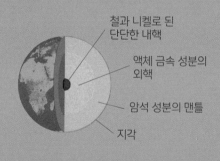

철과 니켈로 된
단단한 내핵

액체 금속 성분의
외핵

암석 성분의 맨틀

지각

암석 행성(지구)

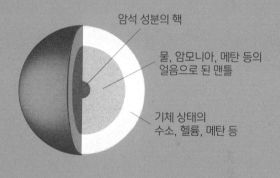

암석 성분의 핵

금속 수소 층

기체 수소 층

거대 기체 행성(목성)

암석 성분의 핵

물, 암모니아, 메탄 등의
얼음으로 된 맨틀

기체 상태의
수소, 헬륨, 메탄 등

거대 얼음 행성(천왕성)

태양계 물질의 기원

태양계 물질의 대부분은 수소와 헬륨입니다. 반면 지구는 주로 철, 규소 등이 차지하고 있고, 우리 몸은 수소, 탄소, 질소, 산소가 주성분입니다. 현재의 표준 우주론인 빅뱅 우주론에 따르면 우주의 대부분은 수소와 헬륨으로 되어 있고, 두 원소는 우주의 초기에 만들어졌습니다. 하지만 그 밖의 무거운 원소들은 별에서 합성된 것으로 보고 있습니다. 태양계에 이런 무거운 원소들이 제법 있다는 것은 태양이 수소와 헬륨으로만 만들어진 태초의 별이 아니라는 것을 뜻합니다. 태양은 앞선 별이 무거운 원소들을 만들다 죽음을 맞이하면서 폭발하고, 그 원소들이 사방으로 흩어진 뒤에 그 근처에서 뒤이어 태어난 후손 별입니다. 무거운 원소들로 만들어진 지구의 생명체는 모두 별의 후손인 셈입니다.

38억 4,000만 km

38억 6,000만 km

지구만이 유일한 생명의 보금자리일까요?

지구 이외의 곳에도 생명체가 존재할까요?

외계 생명체를 찾아서

지구의 생명은 물에서 탄생했습니다. 생명체는 유전자의 정보로부터 단백질을 합성하고, 이에 필요한 에너지는 포도당과 산소를 반응시켜 얻습니다. 이러한 작용은 모두 물속에서 일어나는 화학반응들을 기반으로 합니다. 그래서 액체 상태의 물이 있는지 여부가 외계 생명체를 찾는 데에 첫 번째 단서가 됩니다. 행성이나 위성의 표면에 물이 액체로 존재하려면 온도와 압력이 적당한 대기가 있어야 합니다. 물은 물의 삼중점(0.01℃, 0.006기압)보다 높은 온도와 압력에서만 액체 상태로 존재하기 때문입니다. 하지만 대기가 없어도 지각 밑처럼 온도와 압력이 높은 곳에는 액체의 물이 존재할 수 있습니다.

태양계에는 액체 상태의 물이 있는 행성과 위성들이 제법 있습니다. 행성으로는 지구와 화성, 위성 중에는 목성의 위성 유로파와 토성의 위성 타이탄 등입니다. 화성과 유로파는 물이 존재할 뿐만 아니라 지열로부터 생명체가 필요로 하는 에너지 공급도 가능해 보여, 기대치가 가장 높은 곳입니다. 사람과 같은 지적 생명체는 없더라도 지각 속의 물에서 수중생명체가 발견될 가능성은 남아 있습니다.

그런데 우리는 왜 외계 생명체의 존재가 궁금할까요?

창백한 푸른 점

마지막 행성인 해왕성도 뒤로 멀리 사라진, 태양으로부터 40AU 떨어진 곳. 1990년 2월 14일 그곳에서 보이저 1호는 먼 우주를 향해 있던 카메라의 방향을 돌려 지구를 사진에 담았습니다. 그 지점에서 보이는 지구는 디지털카메라의 한 픽셀도 다 채우지 못하는 작은 점이었습니다.

이렇게 멀리 떨어져서 보면 지구는 특별해 보이지 않습니다. 하지만 우리 인류에게는 다릅니다. 저 점을 다시 생각해 보십시오. 저 점이 우리가 있는 이곳입니다. 저곳이 우리의 집이자, 우리 자신입니다. 여러분이 사랑하는, 당신이 아는, 당신이 들어 본, 그리고 세상에 존재했던 모든 사람들이 바로 저 작은 점 위에서 일생을 살았습니다. 우리의 모든 기쁨과 고통이 저 점 위에서 존재했고, 인류의 역사 속에 존재한 자신만만했던 수천 개의 종교와 이데올로기, 경제 체제, 수렵과 채집을 했던 모든 사람들, 모든 영웅과 비겁자들이, 문명을 일으킨 사람들과 그런 문명을 파괴한 사람들, 왕과 미천한 농부들이, 사랑에 빠진 젊은 남녀들, 엄마와 아빠들 그리고 꿈 많던 아이들이, 발명가와 탐험가, 윤리 도덕을 가르친 선생님과 부패한 정치인들이, "슈퍼스타"나 "위대한 영도자"로 불리던 사람들이, 성자나 죄인들이 모두 바로 태양 빛에 걸려 있는 저 먼지 같은 작은 점 위에서 살았습니다.

......

현재까지 알려진 바로 지구는 생명을 간직할 수 있는 유일한 장소입니다. 적어도 가까운 미래에 우리 인류가 이주를 할 수 있는 행성은 없습니다. 잠깐 방문할 수 있는 행성은 있겠지만, 정착할 수 있는 곳은 아직 없습니다. 좋든 싫든 인류는 당분간 지구에서 버텨야 합니다. 천문학을 공부하면 겸손해지고 인격이 형성된다고 합니다. 인류가 느끼는 자만自慢이 얼마나 어리석은 것인지를 가장 잘 알려 주는 것이 바로 우리가 사는 세상을 멀리서 보여 주는 이 사진입니다. 저에게 이 사진은 우리가 서로를 더 배려해야 하고, 우리가 아는 유일한 삶의 터전인 저 창백한 푸른 점을 아끼고 보존해야 한다는 책임감에 대한 강조입니다.

앞의 글은 『코스모스』의 저자인 칼 세이건이 작은 점, 지구를 보고 남긴 글입니다.

인류의 역사는 개척과 이주의 역사였습니다. 인류는 아프리카에서 발원하여 새로운 가능성을 쫓아서
아시아로 유럽으로 아메리카로 호주로 퍼져나갔습니다. 근대에는 바다를 건너 새로운 대륙을 찾아가던
시절이 있었고, 화석연료에 의한 에너지 혁명으로 지금은 지구 곳곳을 마을처럼 다닐 수 있는 시대가
되었습니다. 그리고 이제 우리는 지구 밖으로 나가려고 합니다.

신대륙을 찾아 배를 탔던 사람들이 몇 달을 가도 육지라곤 전혀 보이지 않는 망망한 대해에서 어떤
심정이었을까요? 그보다 수천 수억 곱절 더 망망하고 광활한 우주에서 그저 하나의 점이 되어 버린 지구를
바라보는 심정은 어떠할까요? 이 한 장의 사진은 우주 공간에 나갔을 때 우리가 가지게 될 느낌을
짐작하게 합니다.

이제 지구를 넘어 태양계 마을의 시대가 올까요?

이 한 단계의 인류 공간 확장을 위해

우리는 또 얼마나 험난한 개척의 길을 가게 될까요?

그리고 그것을 통해 우리는 무엇을 깨닫게 될까요?

41억 2,000만 km

41억 4,000만 km

42억 2,000만 km

42억 4,000만 km

42억 6,000만 km

8,000만 km

43억 km

193

여기까지 오는 동안 작은 알갱이 하나 없는 빈 쪽을 수없이
넘기면서 태양계가 얼마나 공허한 곳인지 느꼈을 것입니다.
태양계의 대부분은 왜 이렇게 비어 있을까요?

공허

물질이 얼마나 조밀하게 모여 있는지를 재는 양이 (질량)밀도입니다. 사람 몸의 평균밀도는 물의 밀도보다 조금 작은 0.985g/cm³입니다. 별인 태양의 평균밀도는 1.408g/cm³이고, 암석 행성인 지구의 평균밀도는 태양 밀도보다 네 배쯤 큰 5.514g/cm³입니다.

물질은 원자들로 이루어져 있습니다. 사람과 지구와 태양의 밀도는 1cm³에 대략 3×10^{22}개, 그러니까 '천억×천억' 개 정도의 원자가 밀집된 것입니다. 이 정도로 원자들이 밀집해야 원자들 사이에 재미있는 화학반응들이 (사람의 시간 기준에서) 일상적으로 일어납니다. 별의 중심에서는 이보다 훨씬 더 높은 밀도로 핵들이 모여 있어야 핵반응이 일어나고, 그 에너지를 써서 밖으로 빛을 낼 수 있습니다. 우리가 존재하려면 원자들은 밀집되어 있어야 합니다.

그렇다면, 태양계에는 원자들이 얼마나 모여 있을까요? 태양계의 물질적 경계선은 태양풍이 성간 물질과 만나는 태양권계면입니다. 태양권계면을 기준으로 태양계의 평균밀도를 구해 보면 1.4×10^{-13}g/cm³로, 인체 밀도의 10조 분의 1에 불과합니다. 이는 실험실에서 만들 수 있는 초고진공(10^{-14}g/cm³ 미만)에

근접하는 수준입니다. 태양계는 거대한 공간이지만 그중에 아주 작은 일부 특정 장소들에만 물질이
밀집해 있고, 나머지 공간은 거의 비어 있습니다.

하지만 이렇게 텅 빈 태양계도 우주 전체를 놓고 보면 매우 조밀한 곳입니다. 우주에는 아직 정체가
밝혀지지 않은 암흑에너지와 암흑물질이 있으며, 그 밀도가 원자들의 밀도보다 더 큽니다. 그런데
이들까지 모두 합친 밀도가 9.9×10^{-30}g/cm³로, (1cm³가 아니라) 1m³ 당 수소 원자 6개가 있는
정도입니다. 이 중에 원자들의 기여는 5%로, 원자들의 밀도만 따지면 1m³ 당 수소 원자 0.3개밖에 되지
않습니다.

태양계는 공허한 곳일까요, 조밀한 곳일까요?

- 물의 밀도 $1 g/cm^3$

- 사람 몸의 평균밀도 $0.985 g/cm^3$

- 암석 행성인 지구의 평균밀도 $5.514 g/cm^3$

- 별인 태양의 평균밀도 $1.408 g/cm^3$

- 태양계의 평균밀도 $1.4 \times 10^{-13} g/cm^3$

- 우주의 평균밀도 $9.9 \times 10^{-30} g/cm^3$

Neptune

해왕성 ♆

이제 곧 태양에서 가장 먼 행성인 해왕성에 도착합니다. 태양 빛이 도달하기까지 4시간 10분이 걸리고, 보이저 2호가 지구를 떠난 지 12년 걸려서 도착한 곳입니다.

해왕성은 천왕성과 쌍둥이처럼 닮아 있습니다. 천왕성과 같은 얼음 행성이고, 크기는 천왕성보다 살짝 더 작지만 무게는 조금 더 나갑니다. 두꺼운 기체 대기층을 가진 거대 행성은 무거울수록 중력에 의한 수축이 강해서 크기가 줄어들기 때문입니다. 행성의 색도 푸른색으로 비슷한데 색감은 조금 다릅니다. 천왕성이 옥빛의 옅은 푸른색이라면 해왕성은 짙은 파란색입니다. 천왕성이 큰 특징 없이 매끈해 보인다면, 해왕성은 구름 띠를 비롯해서 기후 현상을 짐작할 수 있는 무늬들이 드러나 보입니다. 가끔은 목성의 대적반에 필적하는 검은 점들이 생겨나기도 하지요.

해왕성에도 천왕성처럼 가느다랗고 희미한 고리가 있습니다. 위성은 14개가 알려져 있는데, 해왕성에 걸맞게 모두 그리스 신화에서 물과 관련된 신들의 이름을 붙였습니다. 그중 트리톤만 충분히 무거워서 공 모양이고, 나머지는 모두 모양이 제각각인 작은 위성들입니다. 트리톤은 대부분의 다른 위성들과는

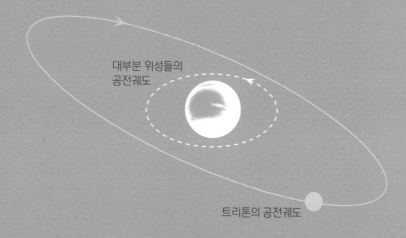

대부분 위성들의
공전궤도

트리톤의 공전궤도

달리 해왕성의 자전 방향과 반대 방향으로 공전을 합니다. 그래서 해왕성이 만들어질 때 같이 만들어진 위성이 아니라, 카이퍼대의 왜소행성이었는데 해왕성에 붙잡혀서 위성이 된 것으로 보고 있습니다.

44억 6,000만 km

해왕성
근일점

해왕성

거리 30.1AU | 공전주기 165년 | 적도반지름 3.88$R_\oplus$

질량 17.2$M_\oplus$ | 자전축 28.3˚ | 자전주기 0.671일 | 표면온도 −201℃(1기압 높이),
−218℃(0.1기압 높이) | 위성 14개. 그림 속 위성은 트리톤

45억 2,000만 km

해왕성
원일점

더 가 보겠습니까?

2019년에 개봉한 제임스 그레이 감독의 영화 〈애드 아스트라Ad Astra〉에서 주인공의 아버지는 가족들은
외면한 채 외계 생명체를 찾아 해왕성까지 옵니다. 생명체를 찾는 데 실패한 그는 더 먼 우주까지
나가보려고 하지만 지구로의 귀환을 원하는 대원들과 갈등을 빚다 사고가 납니다. 지구와의 연락이
두절된 상황에서, 주인공은 아버지를 찾아 설득하라는 임무를 띠고 해왕성까지 옵니다.
영화를 보고, "쓸데없는 외계 생명체 찾으려 하지 말고 옆에 있는 생명체에게나 잘하자."라고 소감을
남겼던 기억이 납니다. 말은 그렇게 했지만, 실은 외계 생명체가 진짜로 있는지 저도 무척 궁금합니다.

8,000만 km

46억 km

여러분이라면 여기서 더 멀리 가 보겠습니까,

아니면 지구로 귀환하겠습니까?

더 먼 우주를 향한 이정표

카이퍼대 Kuiper belt 30AU ~ 50AU ▶201~321쪽

태양계가 형성될 때 생긴 잔해들이 있는 곳입니다. 소행성대와 비슷하지만 이곳의 물체들은 주로
얼음(메탄, 암모니아, 물의 얼음)덩어리로 되어 있습니다. 많은 단주기 혜성들의 고향입니다. 이곳에는 한때
행성의 지위에 있었으나 지금은 왜소행성이 된 명왕성이 있습니다.

태양권계면 Heliopause 약100AU ▶620쪽

태양계의 끝은 어디일까요? 태양계를 태양에서 나온 빛과 물질의 영향이 미치는 곳으로 본다면
100AU쯤에 있는 태양권계면까지라고 할 수 있습니다. 태양권계면은 태양풍의 압력과 바깥쪽 성간물질의
압력이 같아지는 곳으로, 태양풍과 성간물질이 만나는 태양계의 물질적 경계선입니다. 태양권계면에서는
성간물질이 깔려 있는 상태에서 태양으로부터 나오는 태양풍의 압력이 성간물질을 밀어내 거품 같은
공간이 만들어집니다.

보이저 1호 150AU (2020년 현재) ▶ 919쪽

인간이 만든 물체 중 가장 멀리 가 있는 물체로, 2012년에 태양권계면을 통과했습니다. 지금도 초속 17km의 속력으로(1년에 3.6AU씩) 더 먼 우주를 향해 날아가고 있습니다. 보이저 2호 역시 2018년 11월에 태양권계면을 통과하고, 현재 초속 15km로 비행 중입니다.

오르트 구름 Oort Cloud 2000AU~100,000AU ▶ 11,989~598,421쪽

태양계의 경계선을 태양 중력이 영향을 미치는 곳으로 한다면, 그 경계선은 오르트 구름입니다. 오르트 구름은 태양의 중력에 잡혀 있는 수많은 작은 물체들이 있는 곳으로 10만 AU까지 넓게 펼쳐져 있습니다. 이곳은 장주기 혜성들의 고향입니다.

가장 가까운 별(프록시마 센타우리) 268,550AU ▶ 1,607,025쪽

태양에서 가장 가까운 별은 프록시마 센타우리입니다. 가장 가깝다지만 빛의 속력으로도 4년이 넘게 걸리는 먼 거리이고, 이 책에 담는다면 백육십만 쪽도 지나서야 있습니다.

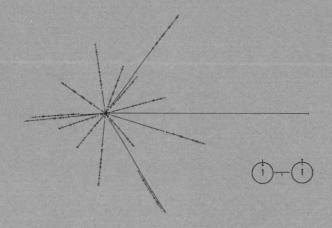